U0064566

# 費曼物理學講義 I
## 力學、輻射與熱
### 5 熱與統計力學

The Feynman Lectures on Physics
The New Millennium Edition
Volume 1

By Richard P. Feynman,
Robert B. Leighton, Matthew Sands

田靜如、高涌泉　譯
高涌泉　審訂

*The Feynman*

# 費曼物理學講義　Ⅰ
## 力學、輻射與熱

**5** 熱與統計力學　　　目錄

第**37**章

量子行為　　　　　　　　13

# 第46章

## 棘輪與卡爪　　　　233

*The Feynman*

# 費曼物理學講義 I
## 力學、輻射與熱

## 1　基本觀念

# 2　力學

中文版前言

# 3 旋轉與振盪

# 4 光學與輻射

The Feynman

# 第37章

## 量子行爲

# 37-1 原子力學

　　前面幾章裡，我們已經討論了一些非常重要的觀念，這些觀念對於瞭解光（或通稱爲電磁輻射）的多數重要現象而言，是不可缺少的。（我們還留下一些特殊的主題在明年講授，特別是稠密材料的折射率以及全內反射的理論。）到目前爲止，我們已經討論過的部分，叫做電波的「古典理論」，對於自然界中許許多多現象都能充分解說。我們還不必去憂慮，光能其實是成團塊狀或「光子」的事實。

　　我們接下來的主題，是比較大塊的物質的行爲，比如說，它們的機械性質或熱性質。在討論到這些時，我們會發現，所謂「古典」（也就是老舊）理論幾乎一開始就行不通，因爲物質畢竟都是由原子尺度的粒子構成的。然而我們將仍然只限於處理古典部分，因爲這是唯一能夠根據大家學過的古典力學來解釋的部分。當然這樣做不會很成功，我們會發現就物質來說，我們很快就會碰上麻煩，這和光的情形不一樣。

　　當然我們也可以繼續閃避原子效應，不過我們還是決定在這一章先來一段插曲，敘述一下物質量子性質的基本概念，也就是原子物理的量子觀念。目的是讓大家對於我們一直還沒有討論的部分有些感覺，因爲我們雖然暫時避開某些重要的題材，但是我們還是無法避免接近這些題材。

　　所以我們即將**介紹**量子力學這個主題，但是並不意味著馬上就要帶領大家仔細探討該主題，那得留待很久以後。

　　「量子力學」是一種描述方式，它所描述的是物質的一切行爲，以及尤其是原子尺度上發生的事情。非常小尺度上的東西，與

你可以有任何直接經驗的東西，完全不同。它們並不像波，也不像粒子，或者任何你看過的東西。

牛頓認為光是由粒子所組成的，但是後來人們發現光的行為和波一樣，就像我們在這裡看到的。然而更後來（在二十世紀開始之際），人們又發現光的確有時候像是粒子。歷史上，電子最初被認為是粒子，可是後來又被發現在很多情況下像是波。所以電子其實既不是波，也不是粒子。我們現在真的放棄了，我們說：「它**兩者都不是。**」

不過，還好我們運氣不錯，電子的行為就和光一樣。原子物體（電子、質子、中子、光子等等）的量子行為全部一樣，它們全都是「粒子波」（particle wave），或任何你要給它們的稱呼。因此我們所學到和電子行為有關的事情（這些將是我們的例子），也可以適用於所有的「粒子」，包括光的粒子。

關於原子與小尺度下行為的資訊，在二十世紀頭二十五年間慢慢累積起來，讓我們對於小東西的行為有些瞭解，但是也產生了愈來愈多的困惑；最後這些謎終於在 1926 與 1927 年間由薛丁格（Erwin Schrödinger, 1887-1961）、海森堡（Werner Heisenberg, 1901-1976）、玻恩（Max Born, 1882-1970）等人完全解決了。對於小尺度下物質的行為來說，他們終於得到了一種無內在矛盾的描述方式。我們將在本章說明那種描述方式的主要特徵。

原子行為和日常經驗非常不一樣，人們很難覺得習慣；對於每個人，無論是新手還是有經驗的物理學家來說，這些行為看起來都是奇怪且神祕的。甚至專家也覺得他們的瞭解還不夠，事實上，他們有這種感覺是很合理的，因為所有人類的直接經驗與直覺僅能適用於大物體，我們瞭解大物體的行為，但小尺度的東西就不是那樣子。所以我們必須用一種抽象或想像的方式來學習，而不是透過我

們的直接經驗來學習。

　　我們在本章中將馬上面對神祕行為的基本要素，它以最奇怪的形式展現。我們選擇察視一個不可能、**絕對**不可能以任何古典方式來解釋的現象，它包含了量子力學的核心思想。事實上，它包含了量子力學**唯一**的奧祕。我們不能藉由「說明」這個現象，來解釋這個奧祕。我們只是**告訴**你它是怎麼回事。一旦告訴了你它是怎麼回事，我們就已經告訴了你所有量子力學的基本特色。

## 37-2 子彈實驗

　　為了嘗試瞭解電子的量子行為，我們將在特別的實驗安排中，把電子的行為與一般人更為熟悉的粒子（例如子彈）的行為，以及波（例如水波）的行為拿來比較與對照。

　　我們首先考慮子彈在圖 37-1 所示的實驗安排中的行為。我們有一挺能發射一連串子彈的機關槍，這挺機關槍不是很好，因為它會以相當大的角度讓子彈（隨機）四射，如圖所示。在機關槍之前，我們放了一堵牆（由裝甲做的），牆上有兩個孔，孔的大小剛好可以讓一顆子彈通過。在牆的後面有個屏障（例如一堵厚木牆）可以「吸收」撞上來的子彈。在屏障之前有個稱為子彈「偵測器」的物體，它可以是一個裝了沙子的盒子。任何進入偵測器的子彈會被阻擋下來，然後累積起來。只要我們有意願，就可以將盒子清光，計算它所捕捉到的子彈數目。偵測器可以來回移動（我們把移動的方向稱為 $x$ 方向）。

　　有了這個裝置，我們就可以由實驗來回答以下的問題：「有一顆子彈通過牆上的孔，當它到達屏障時，它和（屏障）中心的距離為 $x$ 的機率是什麼？」首先，你應該理解我們必須談論機率，因為

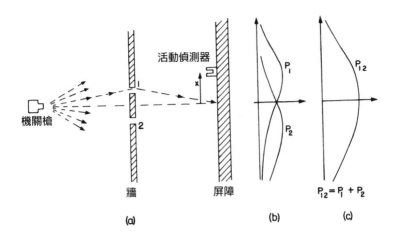

圖 37-1　子彈的干涉實驗

我們無法明確的說任何特定子彈會往哪裡去。恰好撞到牆上兩孔之一的一顆子彈，會從孔的邊緣彈出來，最後可能跑到任何地方。

　　我們所謂的「機率」，所指的是子彈進入偵測器的機會，我們可以計算在某時段內抵達偵測器的子彈數目，然後取這個數目與同一時段內打上屏障子彈的**總數**相比，這樣的比值就能測量出子彈跑進偵測器的機率。假如機關槍在測量時段內永遠以相同頻率射出子彈，則我們所要的機率與某標準時段內抵達偵測器的數目成正比。

　　就我們的目的來說，我們將設想一個有點理想化的實驗，其中的子彈不是真的子彈，而是**不可摧毀的**子彈，它們不能斷成一半。我們在實驗中發現，子彈永遠一個個完整的到達，而且當我們在偵測器中發現了東西的時候，總是一顆完整的子彈。如果機關槍發射子彈的頻率很低，我們發現在任何時刻要不就是沒有東西到達，要不就是有一顆子彈，而且恰好只有一顆子彈到達屏障。此外，（到

達的）那一塊東西的大小當然與機關槍的發射頻率沒有關係。我們會說：「到達的子彈**永遠**是相同的塊狀物體。」

我們用偵測器所測量的是塊狀物體抵達的機率，而且我們把機率當作 $x$ 的函數來測量。以這種裝置所做的這類實驗所得的結果（我們還沒有做這種實驗，所以我們其實只是在想像結果），顯示於圖 37-1(c)。我們把機率畫在圖的右邊，$x$ 是垂直的，這樣子 $x$ 的尺度才會符合裝置圖。我們稱這個機率為 $P_{12}$，因為子彈可能穿過 1 號孔，也可能穿過 2 號孔。

你應該不會訝異於 $P_{12}$ 在圖中央很大，但是如果 $x$ 非常大，則 $P_{12}$ 很小。不過，你可能會覺得奇怪，為什麼 $P_{12}$ 的最大值出現於 $x = 0$。我們只要將 2 號孔蓋起來，然後重做實驗；接著換成把 1 號孔蓋起來，然後再做一次實驗，這樣子就可以瞭解為什麼 $P_{12}$ 的最大值出現在中央。當 2 號孔蓋起來時，子彈只能從 1 號孔通過，實驗的結果就是 $P_1$ 的曲線，見圖 37-1(b)。就像你可以預期的，$P_1$ 最大值所出現的 $x$ 位置會和機關槍以及 1 號孔連成一線。如果 1 號孔封了起來，實驗的結果就是如圖所示的 $P_2$ 曲線，$P_1$ 與 $P_2$ 相對於中心而言是對稱的。$P_2$ 是通過 2 號孔的子彈的機率分布。比較圖 37-1 的 (b) 與 (c)，就得到以下的重要結果：

$$P_{12} = P_1 + P_2 \qquad (37.1)$$

我們只是把兩個機率相加起來。兩個孔都打開的效應，是每個孔單獨打開的效應之和。我們稱這是一個「**沒有干涉**」的觀測，你等一下就知道我們為什麼這麼稱呼。我們對於子彈的討論就到此為止。它們是一塊塊來的，而且抵達的機率沒有表現出干涉。

## 37-3 波的實驗

我們現在要考慮一個水波的實驗，裝置如圖 37-2 所示。我們有個淺水槽，一個標定為「波源」的小物體受到馬達上下輕輕搖動而製造出圓形波。在波源右邊，我們再次有堵牆，牆上有兩個孔；在更右邊有第二堵牆，為了讓事情單純，這第二堵牆是個「吸收器」，波碰上了它就不會反射回來。我們可以用平緩的沙「灘」來當這第二堵牆。

我們在沙灘之前放了一個可以在 $x$ 方向來回運動的偵測器，和前面一樣。現在的偵測器是個可以測量波動「強度」的裝置。你可以想像一種測量波動高度的東西，只是我們將這東西的標度校準成與波動高度的**平方**成正比，這樣子測量出來的讀數就正比於波的強

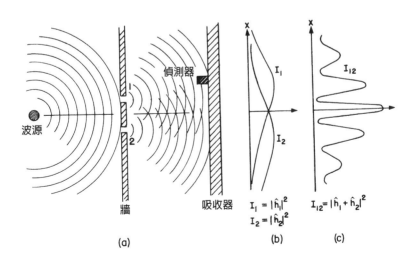

圖 37-2 波動的干涉實驗

度。所以偵測器的讀數就正比於波所攜帶的**能量**，或者應該說是能量進入偵測器的流率。

有了這個波動裝置，我們首先要注意的是，強度可以是**任意**大小。如果波源稍微上下移動一下，那麼偵測器那裡就會出現一點波動，當波源上下的移動更大，偵測器處的波動強度就更高，所以波的強度可以是任何值。我們**不會**說波動強度中有任何「成塊」的現象。

現在，我們就來測量各個 $x$ 值所對應的強度（讓波源保持以相同的方式運作）；我們所得到的是圖 37-2(c) 中看起來很有趣的曲線 $I_{12}$。

我們以前討論電磁波干涉的時候，已經研究出這種圖樣是怎麼來的。在這個情況，我們會觀測到原來的波在孔的位置繞射，然後新的圓形波再從每個孔擴展開來。我們如果一次蓋住一個孔，並且測量吸收器上的強度分布，會發現相當簡單的強度曲線，如圖 37-2(b) 所示。$I_1$ 是從 1 號孔所發出波的強度（這時 2 號孔是蓋起來的），而 $I_2$ 是從 2 號孔所發出波的強度（這時 1 號孔是蓋起來的）。

當兩個孔都開放時所觀測到的強度 $I_{12}$，當然**不是** $I_1$ 與 $I_2$ 之和，我們說這時兩個波有「干涉」現象。這兩個波在有些地方（曲線 $I_{12}$ 有最大值時）是「同相」，這時波峰相加而得到更大的振幅，也因此有更高的強度。我們說這兩個波在這種地方有「建設性干涉」。每當偵測器離一個孔的距離比離另一個孔的距離長（或短）了波長的整數倍時，就會產生這種建設性干涉。

如果兩個波在到達偵測器的時候，相位差是 $\pi$（也就是兩個波「異相」），它們在偵測器所造成的波動就是兩振幅之差；這樣的兩個波有「破懷性干涉」，波的強度比較低。每當偵測器離一個孔的距離與離另一個孔的距離相差了半波長的奇數倍時，我們就預期有

較低的強度。圖 37-2 中較小的 $I_{12}$ 值就對應到兩個波有破懷性干涉的地方。

你還記得 $I_1$、$I_2$ 與 $I_{12}$ 的定量關係可以這麼表示：來自 1 號孔的水波抵達偵測器時的瞬時高度可以寫成 $\hat{h}_1 e^{i\omega t}$（的實部），其中的「振幅」$\hat{h}_1$ 一般而言是個複數。波的強度與高度平方的平均值成正比，或者如果我們使用複數的話，波的強度與 $|\hat{h}_1|^2$ 成正比。同樣的，來自 2 號孔的水波的瞬時高度是 $\hat{h}_2 e^{i\omega t}$，而強度與 $|\hat{h}_2|^2$ 成正比。如果兩個孔都是開放的，水波的高度加起來是 $(\hat{h}_1 + \hat{h}_2)e^{i\omega t}$，強度與 $|\hat{h}_1 + \hat{h}_2|^2$ 成正比。就我們的目的而言，比例常數可以省略，所以**相互干涉的波**滿足以下的關係：

$$I_1 = |\hat{h}_1|^2, \quad I_2 = |\hat{h}_2|^2, \quad I_{12} = |\hat{h}_1 + \hat{h}_2|^2 \quad (37.2)$$

你會注意到，這個結果和子彈實驗的結果 (37.1) 式大不相同。假如我們展開 $|\hat{h}_1 + \hat{h}_2|^2$，就得到

$$|\hat{h}_1 + \hat{h}_2|^2 = |\hat{h}_1|^2 + |\hat{h}_2|^2 + 2|\hat{h}_1||\hat{h}_2| \cos \delta \quad (37.3)$$

其中的 $\delta$ 是 $\hat{h}_1$ 與 $\hat{h}_2$ 之間的相位差。以強度來表示，上式就成為

$$I_{12} = I_1 + I_2 + 2\sqrt{I_1 I_2} \cos \delta \quad (37.4)$$

(37.4) 式的最後一項是「干涉項」。我們對於水波的討論就到這裡。波的強度可以有任意值，而且會展現干涉效應。

## 37-4 電子實驗

我們現在來想像一個以電子進行的類似實驗，見圖 37-3。我們造出一枝電子槍，它基本上是電流加熱的鎢絲，四周用一個有孔

的金屬箱子包起來。如果鎢絲相對於金屬箱子是處於負電壓,則鎢絲發射的電子會往金屬壁加速前進,有些電子會從孔穿出去。所有從電子槍出來的電子會有(幾乎)相同的能量,槍的前面有一堵牆(只是一片薄金屬板),其中有兩個孔。在牆的後面有另一片金屬板,可以充做「屏障」。在屏障之前,我們放一個可移動的偵測器。偵測器可以是一個連接到擴音器的蓋革計數器(Geiger counter),或可以是更好的電子倍增器(electron multiplier)。

我們必須馬上聲明,你不應該嘗試去做這個實驗(就像你可能已經去做了前面所描述的兩個實驗)。從來沒有人用這種方式做過這個實驗,問題出在實驗裝置必須小到不可能的地步,才能顯現出我們感興趣的效應。所以我們所做的是個「想像實驗」(thought experiment),我們選擇這個實驗的原因是它很容易想像。我們知道

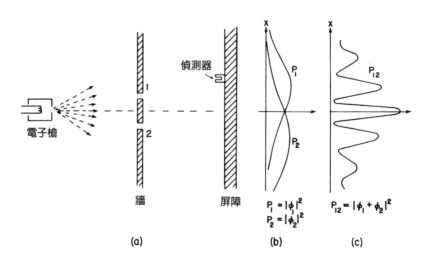

圖 37-3　電子的干涉實驗

實驗的結果**會是**什麼樣子，因為人們**已經做過**很多實驗，這些實驗的尺度與比例已經被選定成可以展現我們將描述的效應。

我們從這個電子實驗所注意到的第一件事，是從偵測器（亦即擴音器）所聽到尖銳「答」聲；所有的「答」聲都是一樣的，**沒有**「半個答聲」這種情況。

我們也注意到這些「答」聲來得很沒有規則，像是：答……答答…答……答…答答……答…等等，就好像你已經聽過運作中的蓋革計數器那樣。如果我們在相當長的一段時間，例如數分鐘內，去數這些答聲，然後再在另一段相同時間內去數，我們會發現兩個數字幾乎相等，所以我們就可以談論所聽到答聲的**平均頻率**（平均起來每分鐘有多少個答聲）。

當我們移動偵測器，答聲出現的**頻率**會變快或變慢，但每個答聲的大小（響度）永遠是相同的。如果我們降低槍中鎢絲的溫度，答聲的**頻率**就會下降，但是每一個答聲還是一樣的。我們也注意到，如果在屏障上兩處分別擺上兩個偵測器，則每次只有**其中一個**會響起來，但絕對不會兩個同時響。（除了有時候，兩個答聲可能在時間上相距很近，我們的耳朵或許無法辨別兩者。）因此，我們的結論是，無論是什麼東西跑到屏障上，它們抵達的時候都是成塊的「塊狀物體」，所有的「塊狀物體」都是同樣的大小：只有整個「塊狀物體」會抵達，而且它們是一次只有一個到達屏障。我們會說：「電子永遠以相同的塊狀物體抵達。」

就好像先前子彈的實驗，我們現在可以開始從實驗上去回答以下的問題：「什麼是一個電子『塊』會到達屏障上離中心各種 $x$ 距離處的相對機率？」和以前一樣，我們可以在不變動電子槍運作的狀況下，藉由觀測答聲出現的**頻率**來得到相對機率。塊狀物體抵達某一特定 $x$ 處的機率是與答聲在 $x$ 出現的平均**頻率**成正比。

實驗的結果是圖 37-3(c) 所示的有趣曲線 $P_{12}$。是的！這就是電子的運動方式。

## 37-5 電子波的干涉

現在我們來試著分析圖 37-3 的曲線，看看我們是否能夠理解電子的行為。我們會說的第一件事就是，既然電子以塊狀物體抵達，那麼每塊物體，我們或許乾脆就稱它們為電子，一定是從 1 號孔或 2 號孔穿過來。我們把這個看法寫成一種「命題」：

**命題** A：每個電子**若不是**通過 1 號孔，**就是**通過 2 號孔。

假設命題 A 是對的，那麼所有抵達屏障的電子就可以分成兩類：(1) 從 1 號孔通過的，以及 (2) 從 2 號孔通過的。所以我們所觀測到的曲線，必然是從 1 號孔通過的電子以及從 2 號孔通過的電子的總效應。我們就用實驗來檢驗這個想法。首先，我們來測量通過 1 號孔的電子。把 2 號孔封起來，然後數偵測器的答聲；我們從這個答聲頻率得到 $P_1$。圖 37-3(b) 中 $P_1$ 曲線顯示了測量的結果。這個結果看起來還算合理。我們用同樣的方法來測量 $P_2$，從 2 號孔通過的電子的機率分布。這個測量的結果也顯示於圖中。

當**兩個**孔都開放之時所得到的 $P_{12}$，顯然不是每個孔單獨的機率 $P_1$ 與 $P_2$ 之和。這和我們的水波實驗類似，因此我們說：「這當中發生了干涉」。

$$\text{對電子來說：} \quad P_{12} \neq P_1 + P_2 \tag{37.5}$$

這樣的干涉是怎麼來的？或許我們應該說：「這應該是意味著

塊狀物體通過 1 號孔或 2 號孔的講法是**錯誤**的，因為如果它們眞是如此，則機率必須相加。或許它們以更複雜的方式通過，例如它們分裂成兩半……」但不是這樣的！它們不可以這樣，它們永遠以塊狀物體抵達……「嗯，說不定它們有些通過 1 號孔，然後這些電子繞過來通過 2 號孔，然後再繞幾圈，或者走其他某種更複雜的路徑……然後把 2 號孔封起來，我們就改變了從 1 號孔**出來**的電子最後會抵達屏障的機會……」但是請注意！屏障上有些地方在**兩個孔都**開放的時候只會接收到很少的電子，但是在我們封閉一個孔時，卻收到很多電子，所以**封閉**一個孔會**增加**來自另一個孔的電子數目。不過請注意，在機率分布圖樣的中心點處，$P_{12}$ 比 $P_1 + P_2$ 的兩倍還大，這就像是說，關掉一個孔會**減少**通過另一個孔的電子數目，想要用電子以複雜的路徑運動來同時解釋這**兩種**效應，似乎很難。

　　這一切都相當神祕，你愈看它，它就似乎愈神祕。人們嘗試過很多點子來解釋 $P_{12}$ 曲線，這些點子假設了個別電子是以複雜的方式繞過兩個孔，但沒有一個成功，沒有一個點子能夠從 $P_1$ 與 $P_2$ 來得到正確的 $P_{12}$ 曲線。

　　可是，非常奇怪的，把 $P_1$ 與 $P_2$ 以及 $P_{12}$ 連繫起來的**數學**極爲簡單，因爲 $P_{12}$ 看起來就像是圖 37-2 中的 $I_{12}$ 曲線，而**那**是非常簡單的。我們可以用兩個複數 $\hat{\phi}_1$ 與 $\hat{\phi}_2$（它們當然是 $x$ 的函數）來描述發生於屏障上的事。複數 $\hat{\phi}_1$ 絕對值平方描述的是我們只開放 1 號孔時的效應，也就是 $P_1 = |\hat{\phi}_1|^2$，同樣的，$\hat{\phi}_2$ 絕對值平方描述了只開放 2 號孔時的效應，也就是 $P_2 = |\hat{\phi}_2|^2$，而兩個孔都開放時的合併效應就只是 $P_{12} = |\hat{\phi}_1 + \hat{\phi}_2|^2$。這個**數學**和我們在水波實驗中所碰到的數學是一樣的！（這個結果實在簡單，但是電子以某種奇異的軌跡從兩個孔穿出穿入，我們很難想像如何從這種複雜的方式來得到這樣的結果。）

我們的結論如下：電子以塊狀物體的形式抵達，如同粒子一樣，但是這些粒狀物抵達的機率分布，就好像是波的強度分布。因為這樣，我們才會說電子的行為「有時候像是粒子，有時候像是波」。

附帶一提，我們在處理古典波的時候，將**強度**定義成波振幅平方對於時間的平均，同時我們把複數當成數學技巧來使用，以簡化分析；但是在量子力學中，事實上，機率幅（probability amplitude）**一定**得用複數來表示，單使用複數的實數部分是不行的。在目前，這一點只是技術性問題，因為公式看起來一模一樣。

既然穿過兩個孔而抵達的機率是如此簡單，儘管它並不等於$(P_1 + P_2)$，一切所能說的就是這樣了。但是大自然的確以這種方式運作，這項事實牽涉到很多微妙的事情。我們現在要告訴你一些這類的微妙之處。首先，既然到達某一點的電子數目**不**等於通過 1 號孔的數目加上通過 2 號孔的數目，這是命題 A 的結論，因此毫無疑問的，我們必須認定**命題 A 是錯的**，電子**若不是**通過 1 號孔**就是**通過 2 號孔，這種講法**不**正確。但是，這個結論要用另一個實驗來加以驗證。

## 37-6 觀看電子

我們現在要嘗試以下的實驗。我們在實驗裝置上附加一個非常強的光源，這光源是在牆之後、兩孔之間，如圖 37-4 所示。我們知道電荷會散射光，所以當電子通過時，無論它在往偵測器的路上是如何從牆通過的，電子會將一些光子散射進我們的眼睛，我們就可以**看到**電子怎麼前進的。例如，如果電子的軌跡通過 2 號孔，如圖 37-4 所示，我們應該看到一閃光來自圖中 A 點附近，而如果電

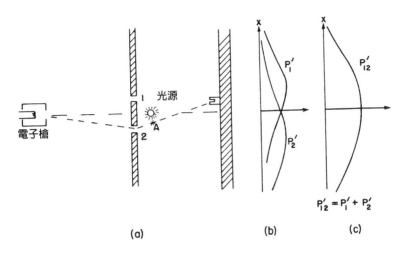

**圖 37-4** 不同的電子實驗

子通過 1 號孔，則我們預期會看到來自 1 號孔附近的閃光。如果我
們竟然看到同時來自兩個地方的光，因為電子分裂成兩半⋯⋯我們
就先做實驗吧！

　　我們所看到的是這樣子：我們**每回**聽到來自電子偵測器的一聲
「答」時，**也會看到，若**不是 1 號孔附近、**就是** 2 號孔附近的閃
光，但是**絕不會**看到同時來自兩孔的閃光！我們從這種觀測所下的
結論是，當我們看到電子之時，發現電子如果不是從這個孔通過，
就是從那個孔通過。實驗上，命題 A 必須是真的。

　　那麼一來，我們**反對**命題 A 的論證，錯在哪裡？為什麼 $P_{12}$ 並
不等於 $P_1 + P_2$ ？回到實驗！讓我們追蹤電子，看看它們到底在做
什麼。對於偵測器的每個位置（$x$ 位置）來說，我們會數抵達的電
子，**並且**藉由所看到的閃光來追蹤它們到底穿過哪個孔。我們可以
用底下的方式來記錄：每當我們聽到一聲「答」，而且在 1 號孔附

近看到閃光，我們便在第一欄記下一筆，如果在 2 號孔附近看到閃光，我們則在第二欄記下一筆。我們將所有到達的電子分成兩類：第一類通過 1 號孔，第二類則通過 2 號孔。我們從第一欄所記錄的數目，得到電子會經過 1 號孔而抵達偵測器的機率 $P_1'$，同時從第二欄所記錄的數目，得到電子會經過 2 號孔而抵達偵測器的機率 $P_2'$。如果我們對於不同的 $x$ 值，重複這種測量，就得到了圖 37-4(b)所示的曲線 $P_1'$ 與 $P_2'$。

嗯，這並不太令人驚訝！我們得到的 $P_1'$ 相當類似於先前把 2 號孔封起來而得到的 $P_1$，$P_2'$ 也很類似於把 1 號孔封起來而得到的 $P_2$；所以並**沒有**任何複雜的情況，例如同時從兩個孔通過。當我們在看電子的時候，它們就以我們預期的方式通過。無論 2 號孔是封閉的或是開放的，我們看到從 1 號孔通過的那些電子，其分布方式不會有任何改變。

可是等一下！那麼**現在**的**總機率**──電子藉由任何路徑抵達的機率，會是什麼呢？我們已經有了所需的資訊。我們只要假裝從不去看閃光，並且把以前區分成兩類的偵測器所發出的「答」聲次數合併起來，我們**必須**只把數目**加**起來。我們發現，電子會從兩孔之一通過而抵達屏障的機率 $P_{12}'$，的確等於 $P_1' + P_2'$。換句話說，雖然我們成功的看到了電子從那個孔通過，卻再也得不到干涉曲線 $P_{12}$ 了，而是得到新的、沒有顯現干涉的 $P_{12}'$！可是如果我們拿掉光，干涉曲線 $P_{12}$ 又會出現。

我們必須推斷，**當我們在看電子的時候**，它們在屏障上的分布不同於我們不去看電子時的分布。或許將光源打開這回事干擾了原來的狀況？電子一定是非常細緻精巧，以致於當光從電子散射出來時，光推了一下電子，而改變了電子的運動。我們知道光的電場會對電荷施力，所以或許我們**應該**預期電子的運動會受到影響。因為

我們試著去「看」電子，因此改變了電子的運動。也就是說，當光子為電子散射出來時，使得電子搖了一下，以致於電子運動的變化足以讓原本**或許**會跑到 $P_{12}$ 最大值之處的電子，卻跑到了 $P_{12}$ 的最小值之處。這就是為何我們不再看到波狀的干涉效應。

你或許會想：「不要用那麼亮的光！把亮度調低一點！這麼一來，光波就會弱一些，比較不會太干擾了電子。當然只要光愈來愈暗，光波終究會弱到沒有什麼效應。」好，我們就來試試。我們首先注意到，從電子通過時所散射出來的閃光並**不會變弱**。**閃光永遠是同樣的大小**。當光愈來愈暗時，唯一會發生的事情是，我們有時候會聽到來自偵測器的「答」聲，卻**完全沒有看到閃光**；通過的電子完全沒有「被看到」。我們所觀測到的是光，行為**也**和電子一樣；我們**以前就知道**光是「波狀的」，但是現在我們發現光也是「塊狀的」。光總是以叫做「光子」的塊狀物抵達，或者被散射。當我們把光源的**強度**調低時，我們並沒有改變光子的**大小**，我們只是改變它們發射的**速率**。**這就是**為什麼當光源很微弱的時候，有些電子會沒被看見，因為電子通過的時候，剛好沒有光子在附近。

這些都有點令人沮喪。如果每當我們「看到」電子的時候，我們都是看到同樣大小的閃光，那麼我們所看到的電子就**永遠**是受到干擾的電子。無論如何，我們用微弱的光來做實驗看看。現在每當我們聽到偵測器的「答」聲時，我們將結果分成三類紀錄：第一欄記錄的是在 1 號孔所看到的電子，第二欄記錄的是在 2 號孔所看到的電子，第三欄記錄的是完全沒被看到的電子。一旦我們把數據整理出來（把機率算出來），我們會得到以下的結果：那些「在 1 號孔被看到」的電子，分布類似 $P_1'$；那些「在 2 號孔被看到」的電子有類似 $P_2'$ 的分布（所以「在 1 號孔或 2 號孔被看到」的電子有類似 $P_{12}'$ 分布）；而那些「完全沒被看到」的電子則有類似圖 37-3

中 $P_{12}$ 的「波狀」分布！**如果電子沒被看見，我們就有干涉效應！**

　　這是可以理解的，當我們沒有看到電子，就沒有光子干擾它，但是一旦我們看到了電子，它就受到光子的干擾。每次干擾的程度都是一樣的，因爲所有的光子都會產生同樣大小的效應，而光子散射的效應已足以抹殺干涉效應。

　　難道沒有**某種**辦法，讓我們可以在不干擾電子的情況下看到電子嗎？我們以前學過，「光子」所帶的動量與波長成反比（$p = h/\lambda$）；當光子往我們眼睛散射過來時，電子受搖動的程度當然會取決於光子所帶的動量。啊哈！如果我們只想輕微的干擾電子，我們應該降低的不是光的**強度**，而是應該降低其**頻率**（這與增加其波長是一樣的）。我們就用紅一點的光，甚至是紅外光或無線電波（像雷達），並且利用能夠「看到」這些長波長電磁波的某種儀器來「看」電子跑到哪裡去。我們如果用了「較溫和」的光，就比較不會干擾到電子。

　　我們就用波長較長的光來做實驗。我們將重複的做實驗，但是每次實驗都讓波長變長一些。起初似乎什麼也沒改變，結果還是一樣，可是接下來事情就糟糕了。你記得我們在討論顯微鏡時曾指出，由於光的波動性，兩點不能靠得太近，否則就不能被區分開來；兩個點最靠近而又能被區分開來的距離約是光的波長。所以現在當我們讓波長比兩個孔之間的距離更長時，一旦光被電子散射，我們就會看到一道**很大**的模糊閃光，我們再也弄不清楚電子到底通過哪個孔！我們僅知道它是從某個地方通過！只有在這種光的顏色（波長）之下，我們才會發現，電子所受到的干擾足夠小到讓 $P'_{12}$ 開始看起來像 $P_{12}$，我們才會開始看到一些干涉效應。只有當波長大過兩孔的距離時（我們沒有機會知道電子是怎麼跑的），來自光的干擾才夠小，我們才能得到圖 37-3 所示的 $P_{12}$ 曲線。

我們從實驗中發現，利用光來辨認電子從哪個孔通過，同時又不至於干擾到干涉現象，這是不可能的。首先瞭解這一點的是海森堡，他認為除非我們的實驗能力受到某種以前未曾認知的基本限制，不然當時發現不久的新自然定律（量子力學）就會出現矛盾。他提出了**測不準原理**（uncertainty principle）做為普遍原理，用我們的實驗來說這個原理的意思是：「我們不可能設計出一種裝置既可以決定電子從哪個孔通過，又可以不過於干擾電子、讓干涉圖樣保留下來。」如果有個裝置能夠決定電子從哪個孔通過，它就**不會**太精巧細緻，因為如此一來就可以不怎麼干擾到干涉圖樣。至今還沒有人能找出（或甚至想到）逃過測不準原理的辦法，所以我們必須假設這個原理的確描述了自然的一種基本特性。

我們現在用來描述原子（以及事實上所有物質）的完整量子力學理論，完全取決於測不準原理是否正確；既然量子力學是如此成功的理論，我們對於測不準原理的信心也就增強了。然而一旦出現一種「打敗」測不準原理的方法，量子力學就會得到矛盾的結果，也就無法成為描述自然的正確理論而遭拋棄。

「嗯，」你會說：「那麼命題 A 究竟是對還是錯呢？電子到底**是不是**從 1 號孔或 2 號孔通過呢？」我們所能給的唯一答案是，我們從實驗發現必須以某種特別的方式思考，以免陷入矛盾之中。我們必須這樣子說（以免下出錯誤的預測）：如果我們在觀看孔洞，或者更精確的說，我們有個儀器可以決定電子是從 1 號孔或者 2 號孔通過，那麼我們就**可以**說它是從 1 號孔或 2 號孔通過。**但是**，當我們並**沒有**試著要去知道電子到底怎麼走的時候，則我們就**不能**說電子是從 1 號孔或 2 號孔通過。如果我們真的這麼說，並且從這個講法去推論，我們的分析就會犯錯。我們如果想成功的描述自然，就必須走在這條邏輯的鋼絲上。

## 大尺度物體的干涉現象

　　如果所有物質的運動和電子一樣必須用波來描述，那麼我們頭一個實驗會怎麼樣呢？我們為什麼在那裡看不到干涉現象呢？

　　其實子彈的波長非常短，以致於干涉圖樣非常精細；事實上，它精細到我們無法用任何有限大小的偵測器來區分最大值與最小值。我們看到的其實是一種平均，也就是古典曲線。

　　我們試著用圖 37-5 來約略表示大尺度物體的行為；圖 37-5(a) 顯示了量子力學所可能預測的子彈機率分布。快速起伏所代表的是波長極短情況下的干涉圖樣。然而，任何實際的偵測器都會跨過機率曲線中的數個起伏，因此測量的結果是圖 37-5(b) 所畫的平滑曲線。

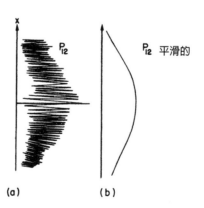

圖 37-5　子彈的干涉圖樣：(a) 實際的情況（概圖），(b) 觀測到的情況。

# 37-7 量子力學第一原理

我們現在扼要的寫下這一章所討論實驗的主要結論；不過我們會將結果以較一般性的形式來表示，好讓它們也適用於一般此類的實驗。首先我們定義一種「理想」實驗，這種實驗沒有不確定的外來影響，也就是沒有晃動或其他我們無法考慮的因素。我們這樣講比較精確：「理想實驗是一種所有初始狀態與終止狀態都完全講清楚了的實驗。」一般而言，我們所謂的「事件」只是一組明確的初始與終止狀態。（舉例來說：「一個電子離開電子槍，抵達偵測器，其他什麼事也沒發生。」）好了，以下是我們的摘要：

## 摘 要

(1) 理想實驗中，一事件的機率等於一個複數 $\phi$ 絕對值的平方，這個複數 $\phi$ 稱為機率幅：

$$P = 機率$$
$$\phi = 機率幅 \qquad (37.6)$$
$$P = |\phi|^2$$

(2) 當事件能夠以幾種不同的方式發生時，這事件的機率幅等於每種方式在個別考慮之下的機率幅之和。干涉的情形會發生：

$$\phi = \phi_1 + \phi_2$$
$$P = |\phi_1 + \phi_2|^2 \qquad (37.7)$$

(3) 如果我們可以做一項實驗，來決定事件是以各個方式中的哪

一種方式進行的，則事件的機率是各個方式的機率之和。
干涉的情況就不見了：

$$P = P_1 + P_2 \tag{37.8}$$

有人可能還是要問：「這到底怎麼一回事？什麼是定律背後的機制？」其實沒有人找到過這些定律背後的任何機制，任何人的「解釋」都不會比我們剛剛的「解釋」更好。就這個狀況而言，沒有人可以給你任何更深刻的描述。我們不知道有任何更基本的機制可以拿來推導出這些結果。

**我們想強調古典力學與量子力學之間很重要的一點差異。**我們一直在談論電子在某種情況下抵達的機率，而且暗示了，在我們的實驗安排（或甚至是最好的安排）之下，精確預測會發生什麼事是不可能的，我們只能預測機率而已！如果真是如此，這就意味著物理放棄了試著要精準的預測在特定狀況下會發生什麼事。是的！物理**已經放棄了！我們不知道如何預測在特定狀況下會發生什麼事，**而且我們相信那是不可能的，我們只能預測不同事件的機率。你們必須體認到對於我們以前想瞭解自然的理想而言，這是一種撤退；我們可能向後退了一步，但是沒人能找到避開這麼做的法子。

人們有時候會嘗試一種想法來避免我們所給的描述，我們現在來談一下這個想法，它是這樣子的：「或許電子有某種我們還不知道的內在結構，某種內在變數。或許這就是我們無法預測會發生什麼事情的原因。如果我們能更仔細的研究電子，就可以知道它會跑到哪裡去。」但是就我們目前所知，這是不可能的，我們還是會遇上困難。如果我們假設電子內部有某種機制可以決定它將往哪裡跑，那麼這個機制必須**也能**決定它在路上會通過哪個孔。

　　然而我們不能忘記電子內部的東西不應該取決於**我們**的作為，尤其是不能取決於我們是否打開或關閉其中一個孔。所以如果一個電子在出發之前就已經決定了 (a) 它要從哪個孔經過，以及 (b) 它最後要停在哪裡，我們就應該發現，選擇 1 號孔的電子有 $P_1$ 的機率，而選擇 2 號孔的電子有 $P_2$ 的機率，**而且**所有這些經由這兩個孔而抵達的電子**必須**有 $P_1 + P_2$ 的機率。我們似乎沒有辦法避開這個結論。但是實驗的結果已經證明情況不是這樣子的，而且沒有人曾拿出可以解決這個難題的辦法。所以目前我們**必須**把自己局限於只計算機率而已。我們雖然說的是「目前」，但是卻強烈懷疑我們永遠只能這樣，也就是永遠無法打敗這個難題，自然真的**就是**這樣子。

## 37-8 測不準原理

　　海森堡最初是這麼敘述測不準原理的：你如果對任何物體做測量，假設對於其動量的 $x$ 分量而言，你測量結果的不準量是 $\Delta p$，那麼對於這個物體的 $x$ 位置而言，你測量結果的不準量不可能比 $\Delta x \approx \hbar/2\Delta p$（$\hbar$ 定義為 $h$ 除以 $2\pi$，即 $\hbar \equiv \hbar/2\pi$）來得小；任何時刻的位置不準量與動量不準量的乘積必須大於 $\hbar/2$；這是測不準原理的一個特例。我們上面已經討論過這原理較為一般性的敘述方式；這個更為一般性的敘述是：我們不可能設計出一種裝置，來決定在兩種不同路徑之中，哪一條路徑受採用了，而且不會同時摧毀了干涉圖樣。

　　我們現在用一個特殊例子來證明，海森堡的這種測不準關係必須成立，才能避免麻煩。假設我們修改圖 1-3 的實驗，把有孔的牆變成是架在滾筒上的平板，以便讓牆能夠自由的上下（在 $x$ 方向）

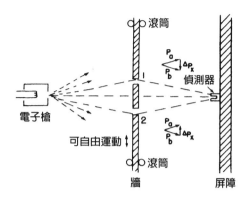

圖 37-6　測量牆的反衝作用的實驗

運動，如圖 37-6 所示。我們如果仔細觀察平板的運動，就可以試著推敲出電子從哪個孔通過。

　　假設偵測器是放在 $x = 0$ 的位置，我們來設想一下會發生什麼事。我們會期待平板一定讓通過 1 號孔的電子向下偏轉，這樣子電子才能進入偵測器。既然電子動量的垂直分量改變了，平板一定會以相反的動量朝另一方向反衝，等於說平板會被電子往上踢了一下。如果電子從 2 號孔通過，則平板會感覺到被往下踢了一下。很明顯的，對於偵測器的每個位置來說，平板在電子通過 1 號孔時所收到的動量，不同於電子通過 2 號孔時平板所收到的動量。所以，在**完全沒有**干擾到電子，而只是觀察**平板**的情況下，我們就可以知道電子所經過的孔！

　　但是我們如果要得到結果，必須知道平板在電子通過之前的動量，這樣子一來，一旦我們測量出平板於電子通過之後的動量，就能夠算出平板動量改變了多少。但是請注意，根據測不準原理，我們將無法同時也非常精準的知道平板的位置。但如果我們不是非常

清楚平板到底在**哪裡**，我們就不能精確知道兩個孔的位置，也就是說對於每個通過的電子而言，孔都會在不同的位置。這意味著對於每個電子來講，干涉圖樣的中心點會落於不同的位置，因此干涉圖樣的高低起伏會變得模糊。我們將在下一章以定量的方式說明，如果我們足夠精確的決定出平板的動量，因而能夠從反衝動量得知電子通過哪個孔，那麼根據測不準原理，平板在 $x$ 位置上的不準量將足以讓偵測器所觀測到的干涉圖樣在 $x$ 方向上移動，移動的距離約等於從一最大值到其最鄰近的最小值。這種隨機的移動已足以抹掉干涉圖樣，所以我們將看不到干涉。

　　測不準原理「保護」了量子力學。海森堡認知到，如果我們能夠同時以更高的準確度測量出動量與位置，則量子力學就垮了。所以他提議說，這是不可能的。然後人們開始設法找出打敗測不準原理的辦法，但是從來沒有人能想出辦法，以任何更高的準確度來測量任何東西的位置與動量，包括屏幕、電子、撞球、任何東西。至今量子力學仍維持在岌岌可危的狀態，但依舊正確。

# 第38章

# 波動觀與粒子觀的關係

## 38-1 機率幅

我們將在這一章討論波動觀與粒子觀的關係。在上一章中我們已經知道了波動觀點與粒子觀點都是不正確的。我們總希望用精確的方式來表達事情，我們的敘述起碼要精準到當後來學到更多的時候，這些敘述不必也得跟著修改，它們可以推廣，但是不會被改掉！

然而如果我們所談的是波動觀或粒子觀，則兩者都只是近似而已，以後都得修正。所以我們在這一章所學到的東西在某個意義之下是不精確的，它是一種半直覺式的論證，以後我們會把這些論證講得更精確一些。但是當我們在量子力學中正確的詮釋某些東西的時候，它們將會稍微受到修正。

當然，這麼做的理由是，雖然我們不直接進入量子力學，但是我們想要對於即將發現的各種效應至少有一些概念。除此之外，我們所有的經驗都是在波和粒子上頭，所以在知道量子力學機率幅的完備數學之前，能利用波與粒子的觀點來瞭解某些情況下所發生的事情，是相當方便的事。我們在討論的時候，也會試著指出我們的說明中最容易出問題的地方，不過大多數的說明還幾乎是正確的，一切只是詮釋的問題而已。

首先，我們知道在量子力學中表現自然的新方式，這是一種新架構，就是對於每個可以發生的事件賦予一個機率幅，而且如果事件牽涉到接收粒子，則我們可以談論在不同地方不同時間找到粒子的機率幅，發現粒子的機率則是和機率幅的絕對值平方成正比。一般而言，在不同地點不同時間發現粒子的機率幅會隨位置與時間而變。

在某種特別的情況裡，機率幅是位置與時間的週期函數，如 $e^{i(\omega t - k \cdot r)}$（不要忘記這些機率幅是複數，而不是實數），而且涉及某個明確的頻率 $\omega$ 與波數 $k$。事實上，它對應到一種古典極限狀況，我們相信在這狀況中有一個能量為 $E$ 的粒子，$E$ 與頻率的關係是

$$E = \hbar\omega \qquad (38.1)$$

而粒子的動量 $p$ 與波數的關係則是

$$\mathbf{p} = \hbar\mathbf{k} \qquad (38.2)$$

這意味著粒子這個想法是受到限制的。粒子的想法，包括它的位置、動量等等，雖然廣為使用，但從某個方面看，卻是不令人滿意的。譬如說，如果在各個地方找到粒子的機率幅是 $e^{i(\omega t - k \cdot r)}$，由於這機率幅的絕對值平方是個常數，這表示在每個地方找到粒子的機率是一樣的，也就是說我們不知道粒子在**哪裡**，它可以在任何地方，粒子的位置有很大的不準量。

反過來說，如果我們大致上知道粒子的位置，而且可以相當精確的將它預測出來，那麼在各個位置發現粒子的機率必須限制在某個區域之內（我們把這個區域的長度稱為 $\Delta x$），在這個區域之外，發現粒子的機率是零。既然這個機率是某個機率幅的絕對值平方，而如果絕對值平方為零，則機率幅也會是零，所以我們就有一個長度是 $\Delta x$ 的波列（wave train），見圖 38-1，而且這個波列的波長（波列中波節間的距離）對應到粒子的動量。

我們在這裡碰上了一件與波有關的奇怪事情；嚴格說，這件極簡單的事和量子力學無關：每個瞭解波的人都知道這件事，無論他懂不懂量子力學：亦即**對於一短波列來說，我們無法定義出唯一的**

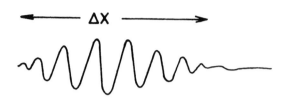

圖 38-1　長度為 $\Delta x$ 的波包

**波長**。這樣的波列沒有明確的波長；其波數並不確定（這種不確定性，和波列的長度是有限的這件事有關），所以動量也是不確定的。

## 38-2 位置與動量的測量

我們來看看這個想法的兩個例子，以便瞭解如果量子力學是對的，則為什麼位置與（或）動量就有不準量。我們以前已經看過，如果沒有這種事，如果我們能夠同時測量任何東西的位置與動量，就會出現矛盾；還好矛盾並不存在，而且波動觀也能夠自然的導致這樣的不準量，這樣的事實顯示了一切似乎都是相互一致的。

底下是可以顯現位置與動量關係的例子，它很容易理解。假設我們有個單狹縫，同時有粒子從遠處以某個能量進來，使得粒子基本上全部是水平的進來（圖 38-2）。我們要注意的是動量的垂直分量。

所有的粒子都有某個古典意義上的水平動量，比如說 $p_0$。所以就古典的觀點而言，粒子在穿過狹縫之前有明確的垂直動量 $p_y$。粒子既不往上跑也不往下跑，因為它是來自遠處的粒子源，所

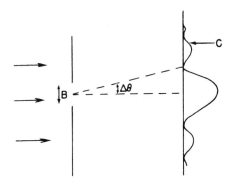

圖 38-2　粒子通過狹縫後的繞射

以垂直動量當然是零。但是現在我們假設它會通過寬度為 $B$ 的孔，那麼在粒子從孔穿出來之後，我們能相當精準的知道它的垂直（$y$）位置在 $\pm B$ *之內，也就是說位置的不準量 $\Delta y$ 約是 $B$。

　　現在我們或許也會說，既然知道了動量是絕對水平的，那麼 $\Delta p_y$ 就等於零，但這卻是錯的！我們**曾經**知道動量是水平的，可是我們後來再也就不知道了。在粒子通過孔之前，我們並不知道它們的垂直位置；我們讓粒子通過孔，以便找到它的垂直位置，而我們卻失去了關於垂直動量的資訊！為什麼？根據波動理論，波在通過狹縫之後會散布開來，或者說產生繞射，就像光那樣。因此從狹縫出來的粒子有某個機率不會筆直的往前進；繞射效應令粒子散布開來，而散布的角度，我們將它定義成第一個最小值的角度，基本上

　　*原注：更精確來說，我們知道 $y$ 的誤差是 $\pm B/2$。但我們現在只對一般性觀念感興趣，所以就不用擔心 2 這個因子。

就是粒子射出來的角度之不準量。

粒子是如何散布開來的？當我們說粒子散布開來時，我們的意思是粒子有某個機率會往上或往下跑，也就是說動量有向上或向下的分量。我們說到**機率**與**粒子**，原因是我們可以用粒子計數器來偵測出這個繞射圖樣，而且當計數器接收到粒子之時（例如在圖 38-2 的 C 處），它是收到**整個**粒子，所以在古典意義上，粒子有垂直的動量，這樣它才能從狹縫跑到 C。

我們現在要大致瞭解一下動量散布的情形。垂直動量 $p_y$ 的散布 $\Delta p_y$ 約等於 $p_0\Delta\theta$，這裡的 $p_0$ 是水平動量；在散布的圖樣中 $\Delta\theta$ 是多大呢？我們知道第一個最小值出現於某個角度 $\Delta\theta$，這個角度恰好會讓來自狹縫一端的波比來自另一端的波多走了一個波長，我們以前已經討論過這個情形（第 30 章）。因此 $\Delta\theta$ 等於 $\lambda/B$，所以此實驗的 $\Delta p_y$ 是 $p_0\lambda/B$。請注意我們如果讓 B 愈來愈小，以便更精確測量粒子的位置，那麼繞射圖樣會變得更寬。記住，當我們用微波使狹縫變窄，強度會延伸得更遠。所以如果我們把狹縫弄得愈窄，圖樣會變得愈寬，粒子帶有垂直動量的機會就愈大。所以垂直動量的不準量與 y 的不準量成反比。

事實上，我們看到了這兩個不準量的乘積等於 $p_0\lambda$；可是 $\lambda$ 等於波長，$p_0$ 等於動量，而根據量子力學，波長乘以動量就是普朗克常數 h，因此我們得到了以下的規則：垂直動量的不準量乘以垂直位置的不準量，就數量級而言，等於 $\hbar$

$$\Delta y\,\Delta p_y \ \geq\ \hbar/2 \tag{38.3}$$

我們無法弄出一個系統，讓我們可以比 (38.3) 式的限制還要更精確的知道粒子的垂直位置，又可以預測出它於垂直方向上的運動；也就是說，如果 $\Delta y$ 是就我們所知垂直位置的不準量，則垂直動量的

不準量必然大過 $\hbar/2\Delta y$。

　　人們有時候說量子力學全錯了：當粒子從左邊過來的時候，垂直動量為零，既然它已經通過了狹縫，粒子的位置就確定了，因此我們能夠以任意的準確度知道位置與動量。的確，我們可以接收到一個粒子，而且在接到粒子之時我們能夠決定其位置，以及決定粒子為了要跑到這個位置所必須具備的動量。

　　我們當然有能力這麼做，但這並不是 (38.3) 式這個不準量關係的意思，(38.3) 式所指的是對於一個狀況的**預測能力**，而不是對於**過去**狀況的敘述。光說「我已經知道粒子在通過狹縫之前的動量，而我現在知道了它的位置」是不夠的，因為我們已經不再知道以後的動量是什麼了，我們再也不能從粒子通過了狹縫這件事來預測垂直動量。我們談論的是一個有預測能力的理論，而不僅是事件過後的測量而已，所以我們必須討論什麼是能夠預測的事情。

　　我們現在要從另一角度來看事情。我們將討論同一現象的另一個例子，但是會更定量一點。前一個例子中，我們是以古典方法來測量動量，也就是說我們考慮了粒子的方向、速度、角度等等，以便藉由古典分析來得到動量。但是既然動量與波數有關係，大自然就提供了另一種測量粒子（光子或其他粒子）動量的辦法，這個辦法完全沒有古典類比可言，因為它用到了 (38.2) 式。我們所測量的是**波的波長**，現在就讓我們用這種方法來測量動量。

　　假設有一個柵，上面有很多條線（圖 38-3），我們將一束粒子往柵射去。我們常討論以下的問題：如果粒子有明確的動量，因為干涉現象的緣故，我們會在某個方向得到非常尖銳的分布圖樣。我們也曾談論過究竟能夠多精確的決定動量，也就是說這種柵的鑑別率（resolving power）是多少？我們不在這裡再去推導答案，請你們自行參閱第 30 章。我們在那裡發現，如果用某特定柵去測量波

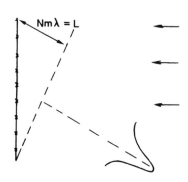

<u>圖 38-3</u>　利用繞射柵來決定動量

長，則所測得波長的相對不準量是 $1/Nm$ ，這裡的 $N$ 是柵線的數目，而 $m$ 是繞射圖樣的階（order），也就是說

$$\Delta\lambda/\lambda = 1/Nm \qquad (38.4)$$

我們可以把 (38.4) 式寫成

$$\Delta\lambda/\lambda^2 = 1/Nm\lambda = 1/L \qquad (38.5)$$

上式中的 $L$ 是圖 38-3 中所示的距離。這個距離是「粒子（或是波，或無論是什麼）從柵的底端反射過來所走的總距離」及「粒子從柵的頂端反射後所走的總距離」之差，換句話說，形成繞射圖樣的波是來自柵上不同位置的波。首先抵達的波是來自柵底端的波，也就是來自波列的前端，其他的波來自波列較後面的部分，來自柵的不同位置，直到最後的波抵達，這最後的點在波列中離最前面點的距離為 $L$ 。

　　所以我們如果想要在光譜中有一條對應到明確動量的銳線，而動量的不準量是由 (38.4) 式所限定的，那麼我們必須有一個長度起

碼是 L 的波列。如果波列太短，我們就沒用到柵的全部。如果波列
太短，形成光譜的波只會從柵的一小部分反射回來，因此柵並沒有
正常運作，我們會發現角分布變大了。如果想得到比較窄的角分
布，我們就必須用上柵的每一部分，以便起碼在某一時刻，整個波
列同時從柵的每一部分散射過來。所以波列的長度必須是 L，以便
讓波長的不準量小於(38.5)式所給的不準量。因為

$$\Delta\lambda/\lambda^2 \;=\; \Delta(1/\lambda) \;=\; \Delta k/2\pi \tag{38.6}$$

所以

$$\Delta k \;=\; 2\pi/L \tag{38.7}$$

其中的 L 是波列的長度。

　　這表示如果波列的長度小於 L，則波數的不準量必然要大於
$2\pi/L$。換句話說，波數的不準量乘以波列的長度（我們暫且稱這個
長度為 $\Delta x$）必須大於 $2\pi$。我們稱波列長度為 $\Delta x$ 的理由為，它就
是粒子位置的不準量。如果波列的長度是有限的，則我們就可以在
那有限的範圍之內找到粒子，而粒子位置的不準量也就是波列的長
度 $\Delta x$。每個研究過波的人都知道波的這項性質，即波列的長度乘
以波數的不準量起碼是 $2\pi$。波的這個性質和量子力學沒有關係，
它僅是在說，如果波列的長度是有限的，那麼我們就無法很精確的
計數其中的波。我們再從另一種觀點來看波的這項性質。

　　假設波列的長度是 L，那麼因為波列端點的振幅必須下降（如
圖 38-1 所示），所以波的數目在長度 L 之內的不準量約等於 ±1；
既然在 L 之內，波的數目等於 $kL/2\pi$，因此 k 就不是確定的，其不
準量等於(38.7)式，這僅是波的一項性質而已。無論波是空間中的
波（所以 k 是每公分的弧度，同時 L 是波列的長度），或是時間上

的波（在這情況下 $\omega$ 是每秒振盪次數，而 $T$ 是波列在時間上的「長度」），這項性質都成立；也就是說，如果波列只持續了 $T$ 時間，則其頻率的不準量就等於

$$\Delta\omega = 2\pi/T \tag{38.8}$$

我們想強調的是，這些都只是波的性質而已，而且廣為人知，譬如說，在聲學之中。

重點是，我們在量子力學中將波數解釋成粒子動量的一種指標，波數與動量的關係是 $p = \hbar k$，因此 (38.7) 式變成 $\Delta p \approx h/\Delta x$，這就是古典動量概念的限制。（如果我們要用波來代表粒子，這個概念自然得受到某種限制！）我們找到了一個能讓我們大致知道古典概念什麼時候會出錯的規則，這是件好事。

## 38-3 晶體繞射

我們接下來要討論粒子波從晶體的反射。晶體是由很多相同原子以規律方式排列而成的厚物，我們以後再考慮較複雜的情形。現在的問題是對於一束光（或一束電子、一束中子、或其他任何東西）而言，我們應該如何安置晶格，以便在某個特定方向上有個很強的反射高峰。我們如果想得到很強的反射，所有散射的原子都必須同相。如果一半的原子同相，但另一半的原子異相，則波會互相抵消；所以我們必須找出固定相位的區域以便安排晶格，也就是說找出與入射方向以及反射方向有相同夾角的平面（圖 38-4）。

我們如果考慮兩個平行平面（如圖 38-4 所示），那麼從這兩個平面散射出來的波就會同相，只要波前所行經距離的差距是波長的整數倍。如果 $d$ 是平面之間的垂直距離，則這個距離差就是 $2d$

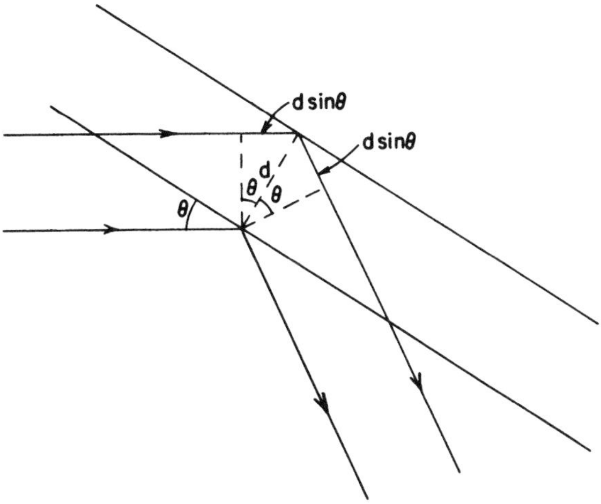

圖 38-4 波為晶格平面所散射

$\sin\theta$。所以相干反射（coherent reflection）的條件為

$$2d \sin \theta = n\lambda \qquad (n = 1, 2, \ldots) \qquad (38.9)$$

如果，比方說，晶格的方位恰好使得原子位於滿足(38.9)式（其中的 $n = 1$）的平面上，那麼我們會得到很強的反射。但是如果平面之間還有其他同類（密度相同）的原子恰好位於與兩平面等距的平面上，則這些中間的平面也會以相同的強度散射原子，而所散射的原子會和原來的原子干涉，使得原來的反射高峰消失。所以(38.9)式中的 $d$ 所指的必須是**相鄰**平面的距離，我們不能把這個公式套用於五層外的平面上！

事實上，真正的晶體通常並不會如單一種原子不停以某種方式重複那樣簡單。我們如果以二維的情形為例，則晶體反而會類似壁紙那般以某種圖形（figure）在整面壁紙上不停重複。我們所謂的

「圖形」指的是原子的某種安排,例如碳酸鈣中的鈣、碳與三個氧等;這裡的「圖形」可能牽涉到相當多的原子。不過無論它是什麼,這個圖形會不斷重複構成一個圖樣(pattern)。這基本的圖形就稱為**單位晶胞**(unit cell)。

這種不停重複的圖樣定義了我們所謂的**晶格類型**。我們只要查看原子的反射,看看它們的對稱是什麼,就可以馬上決定出晶格的類型。換句話說,我們所發現的任何反射決定了晶體的晶格類型,但是如果要知道晶格中的每個元素為何,我們就必須將不同方向上的散射**強度**考慮進來。晶格的種類決定了原子往**什麼**方向散射,然而散射的**強度**則是取決於每個單位晶胞內有什麼東西;我們可以用這些資訊算出晶體的結構。

圖 38-5 與 38-6 是兩張 x 射線繞射圖樣的照片,它們分別代表了岩鹽與肌紅蛋白(myoglobin)所形成的 x 射線繞射。

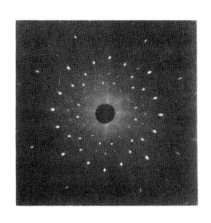

**圖 38-5** 一束 x 射線在氯化鈉晶體上繞射所產生的圖樣

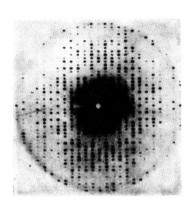

<u>圖 38-6</u>　肌紅蛋白的繞射圖樣

　　順帶一提，如果最相鄰兩平面之間的距離比 λ/2 來得小，一件有趣的事情就出現了：這時(38.9)式就沒有解（無論 n 的值為何），也就是說，如果 λ 比相鄰平面之間距離的兩倍來得大，繞射圖樣就不會出現，光（或無論什麼東西）會直接穿過物質而不被彈射開來，或者消失。既然一般可見光的波長比相鄰平面的間隔大很多，光當然會直接穿過，而不會有來自晶格平面的反射圖樣。

　　對於可以製造出中子（這些當然是粒子！）的反應堆而言，上面所提的這件事也有個有趣的後果。我們如果讓從反應堆出來的中子跑進長長的石墨塊中，中子會在石墨中擴散開來（圖 38-7）。它們是因為被原子彈射開來才會擴散，但是嚴格的說，以波動理論來看，中子是因為從晶格平面繞射才會被原子彈開來。如果石墨塊很長，我們會發現從遠端跑出來的中子都有很長的波長！事實上，我們如果以波長為變數，畫出跑出來中子強度的函數圖，我們會看到中子的波長必然大於某個最小值（圖 38-8）。換句話說，我們可以

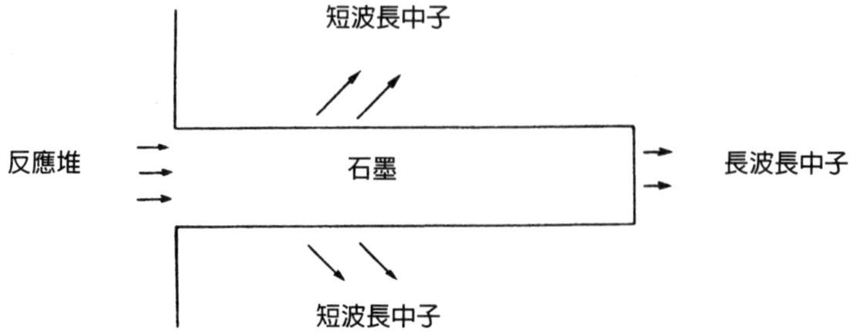

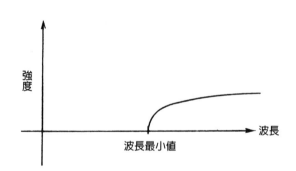

圖 38-7　反應堆中子通過石墨塊時會擴散

圖 38-8　通過石墨棒之後的中子的強度是波長的函數

利用這個方式來得到非常低速的中子；只有低速的中子才能通過石墨，它們不會被石墨的晶格面所繞射或散射開，會如光通過晶體一般筆直通過石墨，而不會從兩旁散射出去。我們還有很多其他的方法可以用來呈現中子波與其他粒子波的真實性。

# 38-4　原子的大小

我們現在來考慮不準量關係(38.3)式的另一個應用。這個分析不能太當真：點子雖然是正確的，但分析並不是很精確。這個點子牽涉到如何決定原子的大小，它也和原子中的電子在古典物理架構裡會輻射光，並且會螺旋式地墜落到原子核上頭這件事有關。可是在量子力學中，電子不能這麼運動，因為這麼一來我們不但知道了每一個電子的位置，也會知道電子將往哪裡去。

假設有一個氫原子，我們測量了其中電子的位置，那麼我們一定不能夠精準預測出它下一刻的位置，否則電子動量散布的範圍就會是無窮大。我們每一回去看電子，它一定是在某個地方，但是電子會有個機率幅可以讓它位於不同的地方，所以總有某個機率會讓我們在各個地方找到電子。電子不會全然只落在原子核上頭，我們將會假設電子的位置是散布開來的，散布範圍約為 $a$：換句話說，電子與原子核的距離大致上等於 $a$。我們將設法降低原子的總能量，並從而決定 $a$ 的大小。

由於不準量關係（見(38.3)式）的緣故，動量分布的範圍大約等於 $\hbar/a$。所以如果我們想用某種方法去測量電子的動量，例如把 x 射線打上電子，讓 x 射線被電子散射開來，然後尋找由於散射體（電子）在運動而產生的都卜勒效應（Doppler effect），我們相信不會每次都得到零，因為電子不是靜止不動的，它的動量約等於 $p \approx \hbar/a$。這麼一來，電子的動能就大約等於 $\frac{1}{2}mv^2 = p^2/2m = \hbar^2/2ma^2$。〔就某種意義而言，我們只是在做因次分析（dimensional analysis），目的是找出動能與約化普朗克常數、質量 $m$、以及原子大小的關係。我們的結果可能應該乘或除以 2 或 π 等，我們甚至並沒有很精準的

把 $a$ 定義出來。〕

　　電子位能等於負的 $e^2$ 除以電子離中心的距離，也就是 $-e^2/a$，我們還記得，這裡的 $e^2$ 即電子電荷的平方除以 $4\pi\epsilon_0$（見 (32.7) 式）。所以 $a$ 如果愈小，位能也就愈低，但是 $a$ 如果變小，因為測不準原理的緣故，動量必須變大，所以動能也就變高。總能量等於

$$E = \hbar^2/2ma^2 - e^2/a \tag{38.10}$$

我們不知道 $a$ 等於多少，可是我們知道原子會設法想出折衷方案讓能量愈低愈好。為了計算能量的最低值，我們把 $E$ 對 $a$ 取微分，然後令導數等於零，而把 $a$ 解出來。$E$ 的導數是

$$dE/da = -\hbar^2/ma^3 + e^2/a^2 \tag{38.11}$$

令 $dE/da = 0$，求出 $a$ 的值等於

$$\begin{aligned} a_0 &= \hbar^2/me^2 = 0.528 \ \text{埃} \\ &= 0.528 \times 10^{-10} \ \text{公尺} \end{aligned} \tag{38.12}$$

　　我們稱這個特定的距離為**波耳半徑**（Bohr radius），而且我們學到了原子的大小大約是埃的數量級，這是正確的結果。這實在很棒，事實上，這實在太驚人了！在此之前，我們完全沒有法子理解原子的大小！就古典觀點而言，原子是完全不可能的，因為電子會旋轉掉入原子核上頭。

　　如果將 (38.12) 的 $a_0$ 值代入 (38.10) 式，我們得到能量

$$E_0 = -e^2/2a_0 = -me^4/2\hbar^2 = -13.6 \ \text{電子伏特} \tag{38.13}$$

負能量的意義是什麼？它的意義是電子在原子裡的能量比自由電子

的能量低，也就是說電子是受到束縛的。我們必須提供能量才可以將電子踢出來，我們需要約 13.6 電子伏特的能量才能讓氫原子離子化。

由於我們的論證不是很嚴謹，所以照道理，正確的答案可能是 13.6 電子伏特的兩倍、或三倍、或一半、或 $1/\pi$ 倍；可是我們其實耍了一點手法，我們安排了適當的常數，好讓 13.6 電子伏特就是正確的答案！13.6 電子伏特這個數字稱爲芮得柏（Rydberg）能量，它就是氫原子的游離能。

我們現在終於瞭解，我們爲什麼不會穿過地板往下掉：我們在走動的時候，鞋子中眾多的原子會和地板中眾多的原子相擠壓；爲了把原子擠壓在一起，電子必須局限在更小的空間裡；依據測不準原理，電子的動量會比一般平均還要高，所以能量也就比較高。原子之所以會抗拒壓縮是因爲量子力學的緣故，這不是古典物理可以解釋的效應。就古典物理而言，我們會預期如果將所有的電子與質子拉得更近一些，能量會進一步降低；所以在古典物理中，一堆正電荷與負電荷最好的安排就是全部都疊在一起。這樣的結論在古典物理中是很清楚的，所以原子的存在是古典物理所不能理解的事。當然，早期的科學家發明了一些辦法來處理這個問題，無論如何，我們現在已經有了**正確**的答案！（可能如此。）

順帶一提，雖然我現在還不能告訴你爲什麼，當我們有很多個電子的時候，這些電子其實會設法相互避開；如果有一個電子已經占據了某個地方，那麼另一個電子就不會出現在同一個地方。更精確一點講，電子有兩個自旋態，所以兩個電子可以聚在一起，其中一個會往一個方向自旋，另一個則往另一個方向自旋。但是除了這兩個電子之外，我們不能夠把更多的電子放入同一個地方，我們必須把別的電子放在另一處，而這正是物質有強度的原因。如果我們

可以把所有的電子放在一起，那麼它們將會更爲凝聚在一起。事實上，正是因爲電子不可以全疊在一起，我們才有桌子以及所有其他的固體。

很明顯的，如果要瞭解物質的性質，我們必須利用量子力學，古典力學是辦不到的。

## 38-5 能 階

我們已經談過了原子位於其最低能量狀態的狀況，但是原子其實還可以做其他事，例如能以更大的能量搖晃，所以原子還有很多可能的各種運動方式。根據量子力學，一個處於定態（stationary state）的原子只可以帶有明確的能量。我們可以畫一個圖（圖 38-9），縱軸代表能量的大小，我們用水平線來表示每個可能的能量值。如果電子是自由的，也就是說電子的能量如果是正的，那麼這能量就不會受到限制，它可以是任意值，亦即電子可以用任意速度

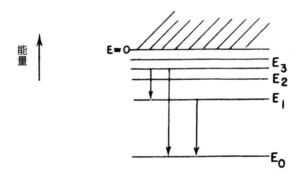

圖 38-9　原子的能階圖，顯示數個可能的能階躍遷

前進。但是如果電子受到束縛，則束縛能就不能是任意的，原子的能量只能是某些容許能量（如圖 38-9 所示）其中的一個。

我們稱這些容許的能量為 $E_0$、$E_1$、$E_2$、$E_3$ 等等。如果原子最初是處於某個「受激態」（excited state），例如 $E_1$ 或 $E_2$ 等，那麼它並不會永久維持在那個狀態，而遲早會掉到另一個能量較低的狀態，並以光的形式輻射出能量；光的頻率則取決於能量守恆以及能量與頻率的關係，也就是 (38.1) 式這個量子力學規則。因此，從能量 $E_3$ 躍遷到譬如說 $E_1$ 所放出的光具有頻率

$$\omega_{31} = (E_3 - E_1)/\hbar \qquad (38.14)$$

這樣的頻率就是原子的一個特徵頻率，並且定義了一條發射譜線。另外一個可能的躍遷是從 $E_3$ 到 $E_0$，這時光就會有另一個頻率

$$\omega_{30} = (E_3 - E_0)/\hbar \qquad (38.15)$$

還有一種可能是原子被激發到狀態 $E_1$，然後掉到基態 $E_0$，發射出光子，這光子的頻率為

$$\omega_{10} = (E_1 - E_0)/\hbar \qquad (38.16)$$

我們之所以提到以上這三種躍遷，是為了指出一個有趣的關係：我們很容易從 (38.14)、(38.15) 與 (38.16) 式看出來

$$\omega_{30} = \omega_{31} + \omega_{10} \qquad (38.17)$$

一般而言，我們如果發現兩條譜線，我們就預期可以發現第三條譜線，其頻率會是前兩條譜線頻率的和（或是差），而且我們也預期會發現一系列的能階，使得每一條譜線都可以對應到某一對能階的能量差；我們可以用這種方式來理解所有的譜線。在量子力學

發現之前，人們已經注意到譜線頻率的這種驚人巧合，這個關係稱為**瑞茲組合原理**（Ritz combination principle）。從古典物理的觀點看，這又是一個謎。我們不想再強調古典物理在原子世界不適用，我們大概已經講得夠清楚了。

我們已經談過用機率幅來表示量子力學，機率幅的行為類似波，有頻率與波數。我們現在來看一下，就機率幅的觀點而言，原子如何具有明確的能態。到目前為止，我們無法就已討論過的東西去理解這件事；不過我們都熟悉局限的波具有明確的頻率這種情形，例如說，受限於管風琴音管中的聲音，或者其他類似的東西，在這種情況下，聲音有很多種振動的方式，但是每一種方式都有明確的頻率。所以當波受到局限時，它就具有某種共振頻率；也就是說，波僅在某些頻率能夠存在，是它在空間上受到局限的性質之一，我們以後會以數學公式詳細討論這個問題。既然機率幅的頻率與能量有普遍性的關係，我們就不應該驚訝於原子中束縛電子具有明確的能量。

## 38-6 哲學上的意涵

我們現在簡單討論一下量子力學在哲學上的意涵。和往常一樣，這個問題有兩個面向：其中之一是這些哲學意涵在物理學上的意義，另一方面則是將這些哲學問題推廣到其他領域。當和科學有關的哲學概念被拉進另一個領域時，這些哲學想法通常會完全受到扭曲。所以我們將儘可能的只談論與物理相關的事。

首先是最有趣的測不準原理，這個原理意味著觀測會影響所要觀察的現象。我們早就知道觀測會影響所觀察的現象這回事，但是關鍵在於我們不能藉由重新安排儀器以便去掉或者任意降低觀測所

造成的影響。我們在觀看某個現象的時候，當然會無可避免的以某種最起碼的方式干擾到它，**而且這種干擾是必要的，否則量子力學觀點就會出現矛盾。**

　　在量子力學之前，觀測者有時是重要的，但從不會有關鍵性的影響。有人曾問過：如果森林中有棵樹倒了，可以沒有人在場聆聽，那麼會有噪音出現嗎？如果**真實**的森林中確有**真實**的樹倒下，那麼即便沒有人在附近，聲音當然還是會出現。即使沒有人在場聽樹倒的聲音，還是有其他的蛛絲馬跡留下來，聲音會搖動一些樹葉，我們只要夠仔細，就會發現荊棘劃過葉子，而留下了一點點擦痕，除非我們假設葉子在晃動，否則無法解釋這些痕跡。所以就某個觀點而言，我們必須承認的確有聲音出現。我們或許會問：是否有聲音的**感覺**呢？沒有，照理講，聲音的感覺是和認知連在一起的，我們不知道螞蟻是否有知覺、森林裡是否有螞蟻、或者樹木是否有知覺。我們就不再討論這個問題了。

　　人們自從量子力學發展以來就在強調的另一個想法是：我們不應該談論那些不能測量的東西（事實上，狹義相對論也這麼說。）一個東西如果無法測量，我們就不該把它放到理論裡。在這種想法之下，有人可能認為，既然我們無法用測量來精確定義出一個局限在某個區域的粒子的動量，則我們就不能在理論中提到粒子的動量。如果有人以為這就是古典物理出問題的地方，**那就錯了**，因為這是沒有把問題分析清楚。儘管我們不能把動量與位置**測量**得很精準，這並不構成**先驗上**的理由**禁止**我們去談論它們，這只是表示我們並**不需要**去談論它們。

　　在科學中，情況是這樣子的：一個觀念或想法如果不能測量或是直接與實驗相關，則這個觀念或想法或許有用，但也或許沒用。它不必然要出現在理論中。換句話說，如果我們比較古典理論與量

子理論這兩種描述自然的方式,而且假設我們的確無法在實驗上精準的測量出位置與動量,我們要問的是:認為「粒子有精確的位置與精確的動量」的這種**想法**,是否適用?古典理論說適用,但是量子理論則說不適用;這並不意味著古典物理錯了。

當人們發現新量子力學的時候,古典物理學家,亦即除了海森堡、薛丁格與玻恩之外的所有物理學家說:「瞧,你們的理論不太行,因為有某些問題你們回答不了,例如:粒子的精確位置是什麼?粒子從哪個孔通過?以及其他一些問題……」海森堡對於這種質疑的回答是:「我不必回答那種問題,因為那種問題沒有實驗上的意義。」

所以情況是我們不**須**答覆這類問題。假設有 (a)、(b) 兩個理論,理論 (a) 包含了一個無法直接驗證的想法,但是我們在分析問題的時候會用上這個想法,而理論 (b) 卻不包含這個想法;如果 (a) 與 (b) 有不一樣的預測,我們並不能夠因為 (b) 無法解釋 (a) 中的這個想法,而宣稱 (b) 是錯的,因為這個想法是不能直接驗證的。能夠知道那些想法不能直接檢驗,永遠是件好事,然而我們不一定非得除掉所有的這類想法。我們在從事科學研究的時候,並不是只能夠使用那些可以直接以實驗檢驗的觀念。

在量子力學中,我們還是有機率幅、位勢、以及其他很多無法直接測量的概念。科學的基礎是**預測**的能力。所謂預測就是能夠說明清楚,如果去做一項以前沒做過的實驗,則會發生什麼事。我們如何能夠做到這一點?我們是經由假設知道獨立於實驗之外有什麼東西;我們必須將實驗外推至以前沒有實驗過的區域,我們必須將觀念推廣至它們還沒受到檢驗的地方。如果不這麼做,我們就下不了預測。

所以,如果有古典物理學家毫不擔憂的假設電子的位置仍然是

有意義的概念（棒球的位置顯然是有意義的東西），那麼這是完全
合理的作法；這麼做一點都不笨，這是合情合理的步驟。現今我們
說在無論在什麼樣的能量範圍內，相對論定律應該皆適用；但是或
許有一天會有人來告訴我們，這麼假設眞是太笨了。可是我們如果
不這麼假設、「不把頭伸出去」，我們就不會知道我們到底是「笨」
在哪裡，所以研究科學就是要把頭伸出去。我們如果想知道我們錯
在哪裡，唯一的方法是瞭解理論的預測到底是**什麼**。建構出一些概
念，是絕對要做的事。

　　我們已經稍爲談過量子力學中的不確定性，也就是說，我們現
在無法預測在某個已知的物理狀況下將會發生什麼事，無論事先我
們如何仔細安排這種狀況。如果有一個處於受激態的原子，所以它
將會發射一個光子，那麼我們無法夠知道它會在**什麼時候**發射這個
光子。對於任意的時間而言，這個原子會有個機率幅讓它發射光
子，我們所能預測的只是在各個時刻發射光子的機率，我們不能精
準的預測未來。因爲這樣，牽涉到「自由意志的意義以及世界是不
確定的」這種想法的種種胡扯與問題就出現了。

　　當然，我們必須強調，其實古典物理在某種意義之下也是有不
確定性。人們通常認爲這種不確定性（即我們無法預測未來）是很
重要的量子力學現象，而且認爲它可以用來解釋心靈、自由意志
等。但**假設**世界全然是古典的，也就是說假設力學定律是古典的，
我們並不敢肯定的講，我們心靈的感受會和現在有很大的出入。的
確，就古典物理而言，如果我們知道世界上每一個粒子（或者一盒
子中的每一個氣體分子）的位置與速度，我們就能夠預測以後會發
生的事。所以古典世界確實是命定性（deterministic）系統。

　　可是假設我們的準確度有個上限，因此無法知道某個原子**確實**
的位置，比方說只能精確到十億分之一，那麼當這個原子撞上另一

個原子時，由於最初原子位置有十億分之一的誤差，則碰撞後位置的誤差就更大了。這樣的誤差在下一次碰撞後當然又會給放大，所以即使一開始的誤差很小，很快的，誤差就會變得很大。舉個例子：如果水從水壩上落下來，它會四處飛濺；如果我們站在附近，水會不時落到鼻子上。這個過程似乎是完全隨機的，不過我們卻也能從純古典定律預測得到這種行為。所有水滴的精確位置，會取決於水在越過水壩之前一切扭動的精準細節。怎麼會這樣？因為水落下時最些微的變化將會受到放大，所以我們完全看不出規律性。明顯的，除非能夠**絕對精準**知道水的運動，否則我們還是無法用古典定律預測出水滴落下的位置。

　　更嚴謹的說，只要準確度是有限的，無論它有多準確，我們總是會在一段足夠長的時間之後，就無法有效預測爾後的事。重點在於這個「足夠長的時間」其實並不很長，如果準確度是十億分之一，這個時間也不會長至幾百萬年。事實上，這個時間只是和誤差成對數關係，因此在非常非常短的時間內，我們就失去了所有的訊息。如果準確度是數十億分的數十億分的數十億分之一，無論有多少個數十億，只要準確度是有限的，那麼我們總會找到某個時刻，在那之後我們就再也不能預測會發生什麼事情！

　　有人或許會說，由於人類心靈有明顯的自由與不確定性，因此我們必須體認古典的「命定性」物理是沒有希望理解人類心靈的，而且我們應該歡迎量子力學將我們從「純然機械性」的宇宙解放出來。但是這種說法是不公平的！以實際的觀點而言，古典物理中早就有了不確定性。

第 **39** 章 | 氣體運動論

## 39-1 物質的性質

　　從這一章開始我們將討論一個新的主題，在這方面我們可能要花上一段時間。這是從物理的觀點上對於物質性質之分析的第一部分，這個觀點認為，物體是由大量的原子或基本東西所組成的，它們彼此之間有電力交互作用，而且遵守力學原理，我們希望據此瞭解為什麼各種原子的聚集體的行為會有所不同。

　　顯然這是一個相當困難的主題，在開始時我們就必須強調，這實際上真的是**極端**困難的主題，我們必須用上至目前止從未用過的方法，來處理這個題目。在力學與光學的例子中，能夠從一些可以精確陳述的定律出發，譬如牛頓定律，或是加速電荷所產生的電磁場的公式，然後用這些定律去理解一大堆現象，它們也是我們從那時起理解力學與光學的基礎。也就是說，我們以後可能會學到更多東西，但是並沒有學到新物理定律，我們只是學到用更好的數學分析方法來處理各種物理狀況。

　　我們不能用同樣的方法來有效的研究物質的性質。我們只能以非常初等的方法來討論物質；若要從物體的特別基本定律──也就是力學與電學定律──來直接分析這一個主題，非常複雜。然而這些都和我們所要討論的性質離得太遠；我們需要經過太多的步驟才能把牛頓定律與物質的性質連在一起，而這些步驟的本身就十分複雜。我們現在開始採取這些步驟中的一部分，雖然開始時許多我們的分析仍然會相當準確，可是它們的準確度會愈來愈低。所以我們只能夠粗略的瞭解一些物質的性質。

　　我們必須採取如此不完整的分析方法，原因之一就是在分析所用的數學需要對機率理論有深刻的理解；我們並不想要知道每一個

原子確實在什麼地方，以及如何運動，而只要知道平均而言有多少原子在何處運動，以及各種效應發生的機率。所以這個主題涉及到機率理論的知識，但是目前我們所知道的數學還不太夠用，更何況我們也不希望給自己太大的壓力。

其次，從物理的觀點，更重要的是，原子的真正行為不是根據古典力學，而是根據量子力學，因此要等到我們對量子力學有所理解以後，才能夠正確的理解這個主題。在這裡，不像是研究撞球和汽車的例子，古典力學定律與量子力學定律的差異不但重要，而且也很有意義，所以從古典物理所導出來的很多結果基本上都不正確。因此，某一些學到的事情其中一部分以後還得將它忘掉，不過，我們每一遇到不正確的結果，都一定會指出來，那樣，我們就會知道在什麼地方碰到了「邊界」。我們在前面章節中討論到了量子力學，理由是為了給大家一個概念，為什麼古典力學在各種方面都多少不太正確。

那麼我們到底為什麼現在要討論這個問題？為什麼不等上個一年半載？直到我們對機率的數學瞭解得更多一點，並且學習了一些量子力學以後，那時我們就能夠用更基本的方式來討論。答案是：就因為這是一個困難的題目，所以最佳的學習的方法就是慢慢來！首先要做的是，讓自己多少得到一些概念，知道在不同的情況中會發生什麼，那麼以後當我們把定律瞭解得更清楚了，就可以用更清楚的數學來討論。

任何人想在一個實際的問題上分析物質的性質，一般都會先從寫下基本的方程式開始，然後再嘗試用數學的方法來求得解答。然而，雖然有許多人嘗試過這種方法，結果卻都在物質性質的主題上遭遇失敗；真正成功的人，是那些以**物理**觀點做為出發點的人，他們對應該走的方向有粗略的概念，然後選擇出正確的近似方法。他

們知道在特定的複雜情況下，什麼是重要的，什麼比較不重要。就因為這些問題是如此複雜，即使我們所獲得的初步的理解，雖然不一定正確，也不一定完整，但仍然還是值得知道。所以針對物質的性質這個主題，我們在物理課程中會反覆討論，而每一次都會比前一次來更精確。

需要現在就開始討論這個主題的另一個理由是，我們已經應用過許多這方面的概念，舉例來說，在化學中，我們在中學時已經學過了許多相關的例子。現在我們有興趣的是，希望能夠瞭解這些概念的物理基礎。

先來舉一個頗為有趣的例子，我們都知道，在同溫同壓下，體積相等的氣體含有同樣數量的分子。當兩種氣體經過化學反應而結合時，體積之間的關係必須永遠是簡單的整數比，這就是倍比定律，亞佛加厥（Amedeo Avogadro, 1776-1856）對此的最終解釋是，相同體積的氣體中含有相同的原子數目。**為什麼**它們的原子數目會相等？我們能不能從牛頓定律推導出原子的數目應該相等呢？我們要在這一章中，處理這一個問題。而接下去的幾章中，我們所要討論的則是涉及壓力、體積、溫度與熱的各種其他現象。

此外，我們也要從非原子的觀點來討論物質，而且許多物質的性質之間彼此也有很多關係。例如，當我們壓縮某種東西時，它會發熱；假如我們把物質加熱，它會膨脹。這兩個事實之間存在著一個關係，可以在不考慮物質的內部結構下推論出來。這個主題就稱做**熱力學**。對熱力學最深的理解，當然來自對於內部真實結構的瞭解，因此我們就從那裡開始；我們一開始就採取原子的觀點，然後再應用這些觀點來瞭解物質的各種性質以及熱力學定律。

所以，現在我們就從牛頓力學定律的觀點來討論氣體的性質。

## 39-2 氣體壓力

首先，我們知道，氣體能夠施加壓力，我們必須清楚的瞭解其來源。假如我們的耳朵能夠再靈敏許多倍，我們可能會聽到連續不斷衝擊的噪音。不過演化並沒有讓我們的耳朵發展到那一步，因為假使耳朵真的這麼靈敏也沒有什麼好處，我們反而會聽到永續不斷的喧嘩聲音。原因是我們的耳膜與空氣直接接觸，而空氣中有非常多的分子在連續不斷的運動，這些分子會撞擊耳膜，因此會發出不規則的「砰、砰、砰」敲擊聲，我們之所以聽不見這些聲音是因為原子太小，我們耳朵的靈敏度還沒有辦法聽到。

原子連續不斷撞擊的結果，把耳膜推向一個方向，當然耳膜的另外一側也有由原子造成的相等連續撞擊，所以淨力等於零。如果我們把耳膜一側的空氣抽掉，或是改變兩側空氣的相對量，耳膜可能會被推向一側，因為其中一側的撞擊量大過另外一側。我們有時候會感覺到這些效應，因為它們會讓我們覺得不舒服，比如當電梯或飛機上升得太快時，特別是在我們患重感冒的時候（我們感冒的時候，由於發炎的關係，耳膜內部的空氣與從喉嚨來的外界空氣之間的連接管道塞住了，造成兩側的壓力無法平衡）。

考慮到要如何來定量分析這些情況，我們可以假想，一個盒子中有一定體積的氣體，盒子的一端是一個能夠移動的活塞（見圖 39-1）。我們想知道盒子中的原子對活塞所施加的力。盒子的體積是 $V$，當原子在盒子中以各種不同的速度跑來跑去時，它們會撞擊活塞。假使活塞的外面沒有任何東西，是真空。情形會怎樣？如果活塞是單獨在那裡，沒有人握住，它每受撞擊一次就獲得一些動量，活塞逐漸的給推出去。因此為了維持活塞不被推出去，我們必

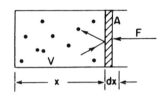

<u>圖 39-1</u>　氣體原子在具有無摩擦活塞的盒子中

須施加一個力 $F$ 來頂住。問題是，要用多大的力？表示力的一個方法，就是來談論每單位面積上的力：假使 $A$ 是活塞的面積，那麼在活塞上的力可以寫成一個數字乘上面積。這樣我們就給壓力下了定義，也就是壓力等於施加在活塞上的力除以活塞的面積：

$$P = F/A \tag{39.1}$$

為了確定我們瞭解這個概念（無論如何，因為另外一個目的，我們必須導出這個公式），把活塞移動一極小距離 $dx$，使氣體向內壓縮，如此對氣體所做的**功** $dW$，會等於力乘上壓縮它所移動的距離，根據(39.1)式，這應該等於壓力乘上面積，再乘上距離，因此等於負的壓力乘上體積的變化：

$$dW = F(-dx) = -PA \, dx = -P \, dV \tag{39.2}$$

（面積 $A$ 乘上距離 $dx$，就是體積的變化。）這裡有一個負號的原因是，我們壓縮氣體時，它的體積會**減小**；如果我們仔細想一下就可以瞭解，假如氣體受到壓縮，就是我們**對**它做了功。

我們需要用多大的力才能夠平衡分子的衝擊？活塞從每一次的碰撞中接收到某些動量。每秒鐘有某些動量會加到活塞上，使得活塞開始移動。要保持不讓活塞移動，必須讓我們的力每秒鐘送過去

同樣大小的動量。當然，這個力**就是**我們每秒鐘必須供給的動量。另外還有一種解釋的方法：假如我們對活塞鬆手，它會因為衝擊的關係，而獲得一個速率；每碰撞一次，速率就增加一些，因此開始加速。活塞速率增加的變化率，也就是加速度，與施加在上面的力成正比。所以我們可以看出，力，正如我們所說過的，是壓力乘上面積，等於碰撞分子每秒鐘送到活塞上的動量。

　　要計算每秒鐘的動量很容易，我們可以分成兩部分來處理：第一，找出一個撞擊活塞的特定原子所輸送到活塞上的動量，然後乘上每秒鐘原子撞擊活塞壁的次數。力即是這兩個數的乘積。現在讓我們來看看這兩個數是什麼：首先，我們需要假設這個活塞對原子而言是一個完美的「反射器」。如果不是的話，這整個理論就不成立，那麼活塞會逐漸變熱，所有的東西都會改變，但是最終會達到平衡，以致淨結果實際而言，仍然是完全彈性碰撞。平均來說，進來的每一個粒子離開時仍帶有同樣的能量。所以我們需要想像氣體是處於穩定的情況，其能量不會流失到活塞上，因為活塞是靜止的。在這些情況下，假如一個粒子以某一個速率撞過來，離去時會具有同樣的速率，以及同樣的質量。

　　假如 $v$ 是一個原子的速度，而 $v_x$ 是 $v$ 的 $x$ 分量，那麼 $mv_x$ 就是「撞過來」動量的 $x$ 分量；但是還有一個相同大小的動量分量，那就是「離去」時的分量大小，所以在一次碰撞以後，由粒子輸送到活塞上的總動量是 $2mv_x$，因為它是被「反射」了。

　　現在我們需要知道原子每秒鐘碰撞的次數，或者是在某一個時間 $dt$ 中碰撞的次數，然後除以 $dt$。有多少原子在撞擊？讓我們假設在體積 $V$ 中有 $N$ 個原子，也就是在每單位體積中的原子數 $n = N/V$。為了找出有多少個原子撞擊活塞，我們注意到，若有一段時間 $t$，假如一個粒子以某一個速度撞向活塞，假設粒子距離活塞不

是太遠的話，它會在時間 $t$ 內撞擊。如果離得太遠，在時間 $t$ 內，粒子還在半途上，沒有辦法到達活塞。所以，非常明顯，只有與活塞的距離在 $v_x t$ 之內的分子，才能夠在時間 $t$ 內撞擊到活塞。因此在時間 $t$ 內撞擊的次數，等於距離在 $v_x t$ 之內的區域中的原子數，而且因為活塞的面積是 $A$，所以將會撞擊活塞的原子所占有的**體積**是 $v_x t A$。也就是將會撞擊活塞的原子**數目**，等於這個體積乘上每單位體積中的原子數目， $n v_x t A$。當然我們並不需要時間 $t$ 內的撞擊數目，而是每秒鐘的撞擊數目，所以除上時間 $t$，就得到 $n v_x A$。（時間 $t$ 可以縮短到非常短；假如我們要讓它看起來更精緻，我們稱它是 $dt$，然後再微分，但意義是一樣的。）

　　所以我們所找到的力是

$$F = n v_x A \cdot 2 m v_x \tag{39.3}$$

看到沒有，如果我們改變面積時，保持粒子的密度不變，力**確實**與面積成正比！那麼壓力就是

$$P = 2 n m v_x^2 \tag{39.4}$$

　　現在我們注意到這個分析的一點小麻煩：首先，並不是所有的原子都有相同的速度；其次，它們也不全都向著同一個方向移動。因此，所有的 $v_x^2$ 都不相同！所以我們必須做的，當然就是取 $v_x^2$ 的**平均值**，因為每一個原子都有它們單獨的貢獻。我們所需要的是所有分子的 $v_x$ 的平方的平均值：

$$P = n m \langle v_x^2 \rangle \tag{39.5}$$

不過，我們是不是忘記了乘上 2 這個因子？沒有；因為所有的原子中只有一半是朝著活塞的方向。另外的一半則向著另外一個方向，所

以，每單位體積中**撞擊活塞**的數目只有 $n/2$。

因為原子跳來跳去，我們很清楚，所謂的「$x$ 方向」並沒有什麼特殊之處；原子也可能上下、前後、左右的移動。所以原子在一個方向運動的平均值 $\langle v_x^2 \rangle$，與另外兩個方向的平均值都相等：

$$\langle v_x^2 \rangle = \langle v_y^2 \rangle = \langle v_z^2 \rangle \tag{39.6}$$

只要用上相當巧妙的數學技巧，就可注意到每一個平均值等於它們總和的三分之一，總和當然就是速度大小的平方：

$$\langle v_x^2 \rangle = \tfrac{1}{3}\langle v_x^2 + v_y^2 + v_z^2 \rangle = \langle v^2 \rangle/3 \tag{39.7}$$

這麼做的優點是，我們不需要擔心任何特別的方向，因此可以把壓力的公式寫成

$$P = (\tfrac{2}{3})n\langle mv^2/2 \rangle \tag{39.8}$$

我們把最後的因子寫成 $\langle mv^2/2 \rangle$ 的理由是，這是分子的質心運動的**動能**。所以我們得到

$$PV = N(\tfrac{2}{3})\langle mv^2/2 \rangle \tag{39.9}$$

如果我們知道速度，就可以用這個方程式，來算出來壓力是多少。

我們現在來看非常簡單的例子，我們所選用的是氦氣，或是其他的氣體，譬如汞蒸汽，或是溫度夠高時的鉀蒸汽，或氬，它們全部是單原子的分子。對於這些氣體，我們可以假設原子內沒有內部運動。假如我們選用複雜的分子，就可能存在著一些內部運動，例如相互振動，或是其他運動。假設我們暫時忽略掉這些（這其實是嚴重的問題，我們會再回頭討論，但這個假設還是有其用處），因為我們假設原子的內部運動可以忽略，質心運動的動能成了唯一的

能量。所以對單原子氣體來說，動能就是唯一的能量。通常我們稱總能量爲 $U$（有時也稱做總**內**能，我們可能會覺得奇怪，因爲氣體並沒有**外**能），也就是，總能量就是在氣體中，或是其他類似的物體中，所有分子的所有能量。

　　我們假設單原子氣體的總能量 $U$ 等於原子數目乘上每一個原子的平均動能，因爲我們忽略原子內部任何可能的激發或是運動。那麼在這些情況下，我們應該得到

$$PV = \tfrac{2}{3}U \qquad\qquad (39.10)$$

　　我們可以在這裡暫時打住，而來找出下面問題的答案：假設我們拿著一個充滿氣體的罐子，慢慢的壓縮，我們需要用多大的壓力才能夠讓體積縮小？這很容易求到，因爲壓力是能量的 $\frac{2}{3}$ 除以 $V$。當我們壓縮氣體使體積縮小時，我們對氣體做功，因而增加了能量 $U$。所以我們需要應用某種微分方程式：假如我們從某個具有某種能量與某種體積的情況開始，那麼我們就可以找出壓力。現在我們開始壓縮，在開始的那一刻，能量 $U$ 開始增加，同時體積跟著縮小，因此壓力上升。

　　所以，我們必須解出一個微分方程式，等一下我們就要這麼做。然而，我們必須先強調，當壓縮氣體時，我們假設了所有做的功都是用來增加裡頭原子的能量。我們可能會問：「需要這樣假設嗎？能量還會跑到哪兒去？」事實上，能量**可以**跑到別的地方，那就是我們說的，經過容器壁，「熱滲漏掉了」：熱原子（也就是快速運動的原子）**轟擊**容器壁，使得容器壁變得更熱，能量就散掉了。我們假設這不會發生在目前的例子中。

　　更廣泛一點說，雖然我們仍對氣體做了一些特別的假設，我們不把方程式寫成 $PV = \frac{2}{3}U$，而是寫成

$$PV = (\gamma - 1)U \qquad (39.11)$$

因爲慣例，我們把它寫成$(\gamma - 1)$乘上$U$，我們以後還需要用它來處理幾個其他的情況，在那些狀況中，$U$的前面的數字不是$\frac{2}{3}$，而是其他數目。所以爲了要能以一般性的方式處理問題，我們稱它爲$\gamma - 1$，人們一直如此稱呼，幾乎有一百年了。對類似氦的單原子氣體而言，這個$\gamma$是$\frac{5}{3}$，因爲$\frac{5}{3} - 1$是$\frac{2}{3}$。

我們已經看到，當我們壓縮一個氣體的時候，對它所做的功是$-P\,dV$。在壓縮的情形中，如果沒有加進去熱能或是移走熱能，就稱爲**絕熱**壓縮（adiabatic compression），這個名稱來自希臘文的$a$（不）$+ dia$（穿過）$+ bainein$（去）。（adiabatic 這個字，在物理上有許多種用法，有時很難看出它們的共通點。）這意思是說，在絕熱壓縮中，所做的功全都轉換成爲內能。這就是關鍵——沒有其他能量損失，因此我們便有$P\,dV = -dU$。但是因爲$U = PV/(\gamma - 1)$，我們可以寫成

$$dU = (P\,dV + V\,dP)/(\gamma - 1) \qquad (39.12)$$

所以我們得到$P\,dV = -(P\,dV + V\,dP)/(\gamma - 1)$，或是重新整理之後，$\gamma P\,dV = -V\,dP$，或者

$$(\gamma\,dV/V) + (dP/P) = 0 \qquad (39.13)$$

非常幸運，假設$\gamma$是一個常數，對單原子氣體來說就是如此，那麼我們可以對它積分：結果是$\gamma \ln V + \ln P = \ln C$，此處$C$是積分常數。如果我們取兩邊的指數函數，就得到一個定律：

$$PV^{\gamma} = C \text{（常數）} \qquad (39.14)$$

換句話說，在絕熱壓縮的情況下，我們壓縮的時候，溫度會上升，因為沒有熱量損失，這時壓力乘上體積的 $\frac{5}{3}$ 次方，對單原子氣體而言是一個常數！雖然我們只是根據理論把它導出來，但實際上，單原子的行為於實驗上**也是**如此。

## 39-3 輻射的壓縮性

我們再舉一個有關氣體運動論的例子，它用在化學上的機會不多，而是卻常用在天文學上。我們有一個盛有許多光子的盒子，而且盒子的溫度非常高。（當然，這個盒子是指極熱恆星上的氣體。這個恆星的溫度比太陽還要高；因為太陽中還有許多原子，但是在一些溫度更高的恆星中，我們可以略去原子，而假設這個盒子中唯一的物體是光子。）現在每個光子都帶有某個動量 **p**。（當涉及到運動論時，我們經常遇到一些麻煩：$p$ 是壓力，但是 $p$ 又用來代表動量；$v$ 是體積，$v$ 卻又常用來表示速度；$T$ 是溫度，可是 $T$ 同時又代表動能、或時間、或轉矩；所以在這一點，每個人的腦子都要靈活一點！）此處這個 **p** 是動量，是一個向量。我們現在來做和先前類似的分析，那麼向量 **p** 的 $x$ 分量會「踢」盒子，每踢一下向量 **p** 的 $x$ 分量的兩倍就傳給了盒子。因此用 $2p_x$ 來取代 $2mv_x$，而且在計算碰撞次數的時候，$v_x$ 仍然是 $v_x$，所以當我們做完這一切以後，會發現在(39.4)式中的壓力應該以下式來取代：

$$P = 2np_x v_x \qquad (39.15)$$

那麼在取平均之後，壓力變成 $n$ 乘上 $p_x v_x$ 的平均值（同樣的 2 這個因子也被去掉，因為 $x$ 有正負兩個方向），最終把另外兩個方向（$y$ 和 $z$）也合併進去，我們就得到

$$PV = N\langle\mathbf{p} \cdot \mathbf{v}\rangle/3 \tag{39.16}$$

把這與(39.9)式相對照,因為動量是 $m\mathbf{v}$,因此它顯得更具一般性。壓力乘上體積就是總原子數乘上 $\frac{1}{3}(\mathbf{p} \cdot \mathbf{v})$ 的平均值。

現在,對光子來說, $\mathbf{p} \cdot \mathbf{v}$ 是什麼?動量與速度在同一個方向,而且光子的速度就是光速,因此這變成是每一個光子的動量乘上光速。每一個光子的動量乘上速度等於它的能量: $E = pc$,所以 $\mathbf{p} \cdot \mathbf{v}$ 就是每一個光子的**能量**,當然,我們應該取能量的平均值乘上光子的數目。因而我們得到 $\frac{1}{3}$ 光子氣體內的能量:

$$PV = U/3 \text{(光子氣體)} \tag{39.17}$$

那麼對光子的情況而言,(39.11)式中的 $(\gamma - 1)$ 應該等於 $\frac{1}{3}$,或 $\gamma = \frac{4}{3}$,我們因此發現一個盒子中的輻射是遵守下面的定律:

$$PV^{4/3} = C \tag{39.18}$$

因此我們可以知道輻射的壓縮係數!這個式子可以用分析恆星內的輻射壓對壓縮係數的貢獻,我們是這樣算出壓縮係數的,而且藉此瞭解壓縮時壓縮係數如何改變。如此看來,我們能夠完成的工作還真不少呢!

## 39-4 溫度與動能

到目前為止,我們還未討論**溫度**;因為我們一直刻意避免涉及溫度。壓縮氣體時,我們知道分子的能量會增加,同時我們也習慣於說氣體變熱了;現在我們想知道這些現象與溫度有什麼關係。假如我們想做的不是絕熱、而是所謂**恆溫**的實驗,那麼我們到底在做

什麼？我們知道，假如我們拿兩盒子的氣體，讓它們緊靠在一起，而且時間夠久，即使開始時兩者的溫度不相同，最後它們會達到同一溫度。這是什麼意思？它的意思是說，如果我們放任它們在那裡，在足夠久的時間之後，它們會達到的一種狀況。這就是我們所說的同溫狀況，也就是當物體在一起交互作用足夠長的時間以後的最後情況。

現在讓我們來考慮這種情況：假如在一個容器中有兩種氣體，中間用可以移動的活塞把它們分開，就像圖 39-2 所示範的一樣（為了簡化問題，我們選擇兩種單原子氣體，例如氦與氖）。容器 (1) 中的原子具有質量 $m_1$、速度 $v_1$，且每單位體積中有 $n_1$ 個原子，而另外一邊的容器中，原子所具有的質量是 $m_2$、速度 $v_2$，每單位體積中的原子數是 $n_2$。那麼平衡的條件應該為何？

左邊氣體的碰撞顯然會使得活塞向右移動，壓縮另一種氣體，直到右邊氣體的壓力增強起來，如此來回來激盪，然後活塞會在某個地方會逐漸停下來，此時兩側的壓力相等。所以我們能夠安排讓兩側的壓力相等；這只是意味著，每單位體積的內能相等，或是兩側原子密度 $n$ 乘上平均動能相等。我們最終希望證明的是，單位體積內的原子**數目本身**相等。而到此為止，我們所知道的就是，因為壓力相等，所以從(39.8)式可以得到原子數目乘上平均動能相等：

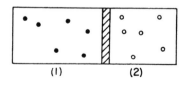

(1)　(2)

圖 39-2　兩種不同的單原子氣體，被一個可移動的活塞所分開。

$$n_1 \langle m_1 v_1^2/2 \rangle = n_2 \langle m_2 v_2^2/2 \rangle$$

我們必須知道，這並不是平衡的唯一條件，在達到相當於同溫的完全平衡時，過程中一定還有其他事情比較緩慢的在發生。

　　要瞭解這個概念，我們可以假設左側的壓力是由於高密度與低速度所造成的。這個壓力是由一個大的 $n$ 與一個小的 $v$ 所構成的，我們也能夠從一個小的 $n$ 與一個大的 $v$ 得到同樣的壓力。換言之，原子可以運動得很慢，但幾乎像固態般擠在一起，或者它們的數目很少，但碰撞力卻很強。它們是否能夠永遠維持在其中一種狀態呢？一開始，我們或許會認為可以，可是如果仔細想一想，就會發現我們忽略了一個重點。那就是中間的活塞並沒有接受到穩定的壓力：活塞會搖搖晃晃，就像我們開始時所討論的耳膜一樣，因為撞擊並不是絕對的均勻。這裡沒有永續的穩定壓力，而只是連續的輕輕敲擊，因此壓力隨時會改變，使得活塞跳動。假設右側的原子不太跳動，而左側的原子數目較少，原子彼此相隔得又遠，然而卻非常有活力。那麼活塞將會三不五時受到來自左側的衝擊，因而推動右側的緩慢原子，增加它們的速度。（當每個原子與活塞碰撞時，不是得到能量就是損失能量，完全要看活塞受撞擊以後向哪個方向移動而定。）所以原子撞擊的結果就是，活塞發現自己不停的跳動，使得另外一種氣體振動起來，即把能量傳送給其他原子，使得它們較快速運動，直到原子把活塞帶來的「跳動」平衡掉為止。

　　最後整個系統達到某種平衡，此時活塞是以某個方均速率運動，恰使得活塞從原子獲得能量的速率，跟把能量放回給原子的速率是一樣的。因此活塞獲得了某個不規則的速率的平均值，我們的問題就是找這個平均速率性。在我們找到了以後，可以比較容易來解決前面的問題，因為這兩種氣體也會調整自己的速度，使得兩者

通過活塞彼此互放給對方的能量相等。

　　事實上，在這個特殊的情況下，非常不容易找出發生在活塞上的細節；雖然在觀念上比較容易瞭解，而實際上卻難以分析。在分析以前，讓我們先來分析另外一個問題，我們有一個裝著氣體的盒子，內含兩種不同的分子，它們的質量是 $m_1$ 與 $m_2$，所具有的速度是 $v_1$ 與 $v_2$，依此類推。兩者會有更密切的關係。如果 2 號分子在某時刻全部靜止不動，那麼這個情況不會維持太久，因為它們會被 1 號分子撞擊而獲得速度。如果 2 號分子全都比 1 號分子跑得快很多，那麼這個情況可能也不會維持多久，它們會把能量傳回給 1 號分子。所以當有兩種氣體在同一個盒子中時，我們的問題即是要找到一個規則來決定它們的相對速度。

　　這仍然是非常困難的問題，但是我們可以應用下面的方法來解決。首先我們要考慮下面這個子問題（這又是一個那種例子，就是先不管導出的方法，雖然推導過程相當精巧，但最終的結果很容易記住）。假設我們有兩個不同質量的分子，互相碰撞，而且我們從質心（CM）座標系來看這個碰撞。為了減少一個麻煩，我們只專注從 CM 座標系來看碰撞。我們從碰撞的理論知道，應用動量與能量守恆，分子碰撞以後唯一還能夠移動的方式，就是它們各自還維持自己原來的速率，只是**方向**改變了而已。所以一般的碰撞，就像圖 39-3 所示範的那樣。

　　現在假設，我們在 CM 靜止狀況下注視所有的碰撞。而且我們假想，它們開始時全部是水平移動。當然，經過了第一次碰撞，有一些碰撞會以某個角度移動。換句話說，如果它們原來全在做水平運動，那麼至少會有一些後來轉變成為垂直方向的運動。而在其他的碰撞中，它們可能來自另外一個方向，那麼它們將會以另外的角度偏離。因此，即使在開始時它們全都很有秩序，後來也會因為碰

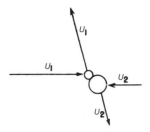

圖 39-3  兩個不相等的分子碰撞，從 CM 系統中看到的情形。
$u_1 = |v_1 - v_{CM}|$ ， $u_2 = |v_2 - v_{CM}|$ 。

撞而以各種角度散布開來，而且已經散開來的碰撞會接著一而再、再而三更進一步的散開來。最終的分布會是什麼樣子呢？**答案：在空間中找到任何一對沿任何方向運動的機率都是相同的**。在這之後，再接下去的碰撞，不會再改變分布情形。

原子往每個方向運動的機率都一樣，但我們該如何說明這個情況？當然，它們**不**可能全都奔向任一特定方向，因爲一個特定方向太確定了，所以我們必須用每「某個」單位的什麼來討論機率。這個概念是說，在以碰撞點爲中心的球體上，經過任一面積的分子數目，與經過其他任何相等面積的分子數目相同。所以，碰撞的結果所導致的各方向上的分布，會讓球體上等面積的區域具有相等的機率。

附帶一提，假如我們只是要討論原來的方向，以及與原來方向成 $\theta$ 角的其他方向，那麼將會發現頗具趣味的性質，就是單位半徑的球面在 $\theta$ 角上的微分面積是 $\sin \theta \, d\theta$ 乘上 $2\pi$（見圖 32-1）。而且 $\sin \theta \, d\theta$ 與 $-\cos \theta$ 的微分一樣。所以這意思是說，兩個方向的夾角 $\theta$，它的餘弦同樣可能是在 $-1$ 與 $+1$ 之間的任何數值。

接下來，我們必須考慮實際的狀況，在這裡我們沒有 CM 系統

中的碰撞，而是我們有兩個同時過來的原子，它們的向量速度是 $\mathbf{v}_1$ 與 $\mathbf{v}_2$。然後會如何？我們可以用下面的方法來分析以 $\mathbf{v}_1$ 與 $\mathbf{v}_2$ 相靠近的兩個原子的這個碰撞：首先我們說有某一個 CM；這個 CM 的速度是某個「平均」速度：$\mathbf{v}_{CM} = (m_1\mathbf{v}_1 + m_2\mathbf{v}_2)/(m_1 + m_2)$。假如我們在 CM 系統中看這個碰撞，就會看到類似圖 39-3 中的碰撞，兩個原子以某種相對速度 $\mathbf{w}$ 進來。這個相對速度剛好等於 $\mathbf{v}_1 - \mathbf{v}_2$。現在我們的想法是，第一，整個 CM 在移動，而且 CM 中有一個相對速度 $\mathbf{w}$，還有就是碰撞的分子是從某個新的方向離開。這些事情都會在 CM 持續運動的情況下發生，沒有任何改變。

那麼現在，從這個想法所得到的分布狀況又是如何？根據我們前面的論點，我們可以下結論說：在平衡狀態中，**相對於 CM 的移動方向，$\mathbf{w}$ 在每個方向上都有相同的機率**。★ 總之，最後的結果是，相對速度的移動方向與 CM 的運動方向之間沒有特別的關聯。當然，如果一開始有些關聯，碰撞會把它打散開來，所以終究會向所有的方向四散開來。所以 $\mathbf{w}$ 與 $\mathbf{v}_{CM}$ 夾角餘弦的平均值等於零。也就是

$$\langle \mathbf{w} \cdot \mathbf{v}_{CM} \rangle = 0 \qquad (39.19)$$

但是 $\mathbf{w} \cdot \mathbf{v}_{CM}$ 也可以用 $\mathbf{v}_1$ 與 $\mathbf{v}_2$ 來表示：

★原注：這個論點就是馬克士威所應用的，其實涉及一些微妙的數學。雖然結論是對的，但是其結果並**不**是純然利用我們之前用過的對稱性考量就可以推導出來的，原因是當我們跑到一個穿過氣體的座標系，我們可能發現扭曲的速度分配。對於這個結果，我們還沒有找到簡單的證明。

$$\mathbf{w} \cdot \mathbf{v}_{CM} = \frac{(\mathbf{v}_1 - \mathbf{v}_2) \cdot (m_1\mathbf{v}_1 + m_2\mathbf{v}_2)}{m_1 + m_2}$$
$$= \frac{(m_1v_1^2 - m_2v_2^2) + (m_2 - m_1)(\mathbf{v}_1 \cdot \mathbf{v}_2)}{m_1 + m_2} \tag{39.20}$$

首先我們來看 $\mathbf{v}_1 \cdot \mathbf{v}_2$，什麼是 $\mathbf{v}_1 \cdot \mathbf{v}_2$ 的平均值？也就是，一個分子在另外一個分子之運動方向上的平均速度分量是什麼？當然，找到任意分子往某一方向前進的機率會等於往任何其他方向的機率，所以**速度 $\mathbf{v}_2$ 在任何方向上的平均值等於零**。那麼，在 $v_1$ 的方向上，$v_2$ 的平均值當然也是等於零。因此 $\mathbf{v}_1 \cdot \mathbf{v}_2$ 的平均值就是零！所以，我們的結果是，$m_1v_1^2$ 的平均值必定等於 $m_2v_2^2$；也就是**兩種原子的平均動能一定相等**：

$$\langle \tfrac{1}{2}m_1v_1^2 \rangle = \langle \tfrac{1}{2}m_2v_2^2 \rangle \tag{39.21}$$

假如一個氣體中有兩種原子，我們可以證明，而且我們以為前面已經證明了，當兩種原子在同一容器的同一氣體中，處於平衡狀態，那麼一種原子的平均動能與另外一種原子的平均動能相等。這意味著，較重的原子會比較輕的原子移動得慢一些；我們拿空氣槽中不同質量的「原子」來做實驗，就可以很容易的證明這回事。

現在我們希望再進一步，比方說，假如我們有兩種不同的氣體裝在一個盒子，但兩種氣體是**分開的**，當最終達到平衡時，它們將具有相同的平均動能，即使它們不是一起混在同一個盒子中。我們可以用不同的方法來說明這個情況。一種論證是，假如我們有個固定的分隔，上面有一個小洞（見圖 39-4），讓一種氣體可以通過這個洞，但是另外一種氣體因為分子太大而通不過去，而且它們達到了平衡，那麼我們就知道在兩種氣體混在一起的那一半，兩種氣體具有同樣的平均動能。但是那些穿過洞的氣體，也沒有損失動能，

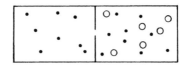

<u>圖 39-4</u>　具有半透膜的盒子中的兩種氣體

所以純氣體的平均動能與混合氣體的平均動能會相等。這個論證還不能全然令人滿意，因為可能沒有這種可以全隔兩種氣體的洞。

　　現在讓我們再回到活塞的問題。我們用一個論點來說明活塞的動能也必定等於 $\frac{1}{2}m_2v_2^2$。實際上活塞的動能純粹來自活塞水平方向的運動，因此不需要考慮到上下運動，所以它的動能應該是 $\frac{1}{2}m_2v_{2_x}^2$。同樣的，從另外一邊的平衡，我們也能夠證明，活塞的動能是 $\frac{1}{2}m_1v_{1_x}^2$。雖然活塞不是在氣體的中間，而是在氣體的一側，我們仍然可以論證出這個結論，只是比較困難而已，即活塞的平均動能與氣體分子的平均動能相等，這就是所有碰撞的結果。

　　如果我們仍然不滿意這樣的解說，我們可以再舉一個人為的例子，這個平衡狀況是由一個四邊都會受到撞擊的物體所產生的。假設我們有一根貫穿活塞的短桿，置於沒有摩擦力的會滑動的萬能接頭上，兩端各有一個球。兩個球都是圓形的，就好像是分子，每一側都可以被撞擊。這整個物體具有總質量 $m$。現在，我們的氣體分子還是像以前一樣，其質量為 $m_1$ 與 $m_2$。碰撞的結果，也是用以前的方法來分析，結果是因為分子會從一側碰撞，所以 $m$ 的動能平均值必定是 $\frac{1}{2}m_1v_1^2$。同樣的，因為另外一側也有分子碰撞，平均值必須是 $\frac{1}{2}m_2v_2^2$。因此當兩邊是在熱平衡的時候，必須具有**相同**的動能。所以，雖然我們只證明了混合氣體的情形，但是應該很容易

可以延伸到同溫度下兩種分開的不同氣體的例子。

　　因此**當兩種氣體的溫度相同時，其 CM 運動的平均動能相等**。

　　平均分子動能是只與「溫度」有關的性質。由於平均動能只與「溫度」有關，而**與氣體的種類無關**，我們也可以把它當作溫度的**定義**。因此分子的平均動能是溫度的函數。但是誰能夠告訴我們，溫度該用什麼樣的標度呢？我們其實可以任意**設定**溫標，讓平均能量與溫度成正比。最好的定義就是把平均能量本身稱為「溫度」。這會是最簡單的函數。很不幸的，溫標卻是以不同的方法設定的，所以我們不稱平均能量為溫度，而是應用一個常數換算因子，讓分子的能量可以**轉換為絕對溫度的度數**〔稱為克氏（Kelvin）度數〕。這個比例常數是 $k = 1.38 \times 10^{-23}$ 焦耳對換成克氏一度。[*] 所以如果 $T$ 是絕對溫度，則我們的定義說，平均分子動能等於 $\frac{3}{2}kT$。（$\frac{3}{2}$ 放在這裡只是為了方便，在別的地方可以去掉。）

　　我們指出，分子運動的每個自由度的動能是 $\frac{1}{2}kT$。所以有三個獨立運動方向的動能，就等於 $\frac{3}{2}kT$。

## 39-5　理想氣體定律

　　現在我們要把溫度的定義放進 (39.9) 式中，如此可以找出氣體的壓力與溫度的關係：壓力乘上體積，等於原子總數乘上普適常數 $k$，再乘上絕對溫度：

---

[*]原注：攝氏溫標的零度等於克氏溫標的 273.16 K，所以 $T = 273.16 +$ 攝氏溫度。

$$PV = NkT \qquad (39.22)$$

此外，在相同的溫度、壓力與體積下，氣體的**原子數目**也可以推算出來；這也是一個普適常數！所以相等體積的不同氣體，在同樣的溫度與壓力下，具有同樣數目的分子，這是由牛頓定律所推導出來的關係。眞是令人驚奇的結論！

　　實際上，在討論分子時，因爲數目太大，所以化學家人爲的選用了一個特定的數目，一個非常大的數目，給它另外一個稱呼。他們用一個稱做**莫耳**（mole）的數目，莫耳只是一個方便的數字。爲什麼他們不選用 $10^{24}$ 個物體，那樣就會是很簡單的整數，這是個歷史問題。他們恰好就是如此選擇，爲了方便說明東西的數目，他們將之標準化爲 $N_0 = 6.02 \times 10^{23}$ 個物體（原子、分子等等），這稱爲一莫耳的物體。所以他們不用以分子爲單位的數目，而是以莫耳爲測量的單位。★ 若使用 $N_0$，我們可以寫成莫耳的數目乘上一莫耳中的原子數目，再乘上 $kT$；如果我們願意，可以用一莫耳中的原子數目乘上 $k$，這就是一莫耳的 $k$ 值，並且給它另外一個稱呼，我們把它叫做 $R$。一莫耳的 $k$ 值是 8.317 焦耳：$R = N_0 = 8.317$ 焦耳・莫耳$^{-1}$・$K^{-1}$。因此我們可以把氣體定律寫成莫耳數（也稱爲 $N$）乘上 $RT$，或者是原子數目乘上 $kT$：

$$PV = NRT \qquad (39.23)$$

這仍是同一個定律，只是用不同的單位來測量數目而已，我們用 1

---

★原注：化學家所稱的分子量是一莫耳分子的質量公克數。莫耳所以如此定義，是因為一莫耳的碳 12（也就是原子核中有 6 個質子與 6 個中子）質量恰好為 12 公克。

當作一個單位，而化學家則用 $6 \times 10^{23}$ 當作一個單位！

　　對於氣體定律我們再做一項補充，它和單原子分子以外的物體的定律有關。我們之前只討論了單原子氣體的原子的 CM 運動問題。如果其中有力存在，又會發生什麼情形？首先，想一想那個活塞的例子，假設它由一個水平的彈簧之前拉著，而且有力施加在上面。當然，在任何時刻，原子與活塞之間彼此推擠而產生的跳動，與那一刻活塞的位置無關。平衡的條件也是相是同的。不管活塞的位置在哪裡，它的運動速率必須讓活塞可以正確的把能量傳送給分子。所以，彈簧不會帶來什麼差異。平均來說，活塞必須移動的**速率**也是相同的。因此我們的定理 —— 在一個方向上動能的平均值是 $\frac{1}{2}kT$，**不論是否有力存在，都成立。**

　　現在我們再來考慮由 $m_A$ 與 $m_B$ 原子所組成的雙原子分子的例子。我們曾經證明 $A$ 部分與 $B$ 部分的 CM 運動會使得 $\langle \frac{1}{2}m_A v_A^2 \rangle = \langle \frac{1}{2}m_B v_B^2 \rangle = \frac{3}{2}kT$。但是既然 $A$ 與 $B$ 是連在一起，怎麼可能有這個結果？因為雖然它們被束縛在一起，但是當它們在旋轉、翻轉、或是被某些東西撞擊到，與它們交換能量，**唯一重要的是它們的運動有多快。**只有單單這件事，可以決定在碰撞時它們能夠多快的交換能量。在那一刹那，力不是重點。因此同樣的原理仍然可以適用，即使有力的存在。

　　最後，我們要證明，在不考慮內部運動的情況下，氣體定律仍然成立。我們之前沒有真正把內部運動包括進去；我們只是處理了單原子氣體。現在我們要證明整個物體（把它視爲一個具有總質量 $M$ 的單獨個體）的 CM 的速度應該會使得

$$\langle \tfrac{1}{2}Mv_{CM}^2 \rangle = \tfrac{3}{2}kT \tag{39.24}$$

換句話說，我們既可以將各個部分分別考慮，也可以把它視爲是一

個整體的東西！讓我們來看看那樣說的原因：雙原子分子的質量是 $M = m_A + m_B$，而且質心的速度等於 $\mathbf{v}_{CM} = (m_A\mathbf{v}_A + m_B\mathbf{v}_B)/M$。現在我們需要知道 $\langle v_{CM}^2 \rangle$。假如我們取 $\mathbf{v}_{CM}$ 的平方，得到

$$v_{CM}^2 = \frac{m_A^2 v_A^2 + 2m_A m_B \mathbf{v}_A \cdot \mathbf{v}_B + m_B^2 v_B^2}{M^2}$$

現在乘上 $\frac{1}{2}M$，然後取平均值，我們便得到

$$\langle \tfrac{1}{2}M v_{CM}^2 \rangle = \frac{m_A \tfrac{3}{2}kT + m_A m_B \langle \mathbf{v}_A \cdot \mathbf{v}_B \rangle + m_B \tfrac{3}{2}kT}{M}$$

$$= \tfrac{3}{2}kT + \frac{m_A m_B \langle \mathbf{v}_A \cdot \mathbf{v}_B \rangle}{M}$$

（我們利用了 $(m_A + m_B)/M = 1$ 這件事。）但 $\langle \mathbf{v}_A \cdot \mathbf{v}_B \rangle$ 應該是什麼？（它最好是等於零！）要找出答案，我們利用先前的假設，相對速度 $\mathbf{w} = \mathbf{v}_A - \mathbf{v}_B$ 指向任何方向的機率都一樣，那就是說，它在任何方向的平均分量都是零。因此我們假設

$$\langle \mathbf{w} \cdot \mathbf{v}_{CM} \rangle = 0$$

但 $\mathbf{w} \cdot \mathbf{v}_{CM}$ 到底是什麼？它是

$$\mathbf{w} \cdot \mathbf{v}_{CM} = \frac{(\mathbf{v}_A - \mathbf{v}_B) \cdot (m_A\mathbf{v}_A + m_B\mathbf{v}_B)}{M}$$

$$= \frac{m_A v_A^2 + (m_B - m_A)(\mathbf{v}_A \cdot \mathbf{v}_B) - m_B v_B^2}{M}$$

因為 $\langle m_A v_A^2 \rangle = \langle m_B v_B^2 \rangle$，所以第一項與最後一項互相抵消，就只剩下了

$$(m_B - m_A)\langle \mathbf{v}_A \cdot \mathbf{v}_B \rangle = 0$$

所以如果 $m_A \neq m_B$，我們發現會是 $\langle \mathbf{v}_A \cdot \mathbf{v}_B \rangle = 0$，因此若我們把整個分子視為是一個具有質量 $M$ 的獨立粒子，則它的運動的動能，平均來說是等於 $\frac{3}{2}kT$。

附帶一提，我們已經同時證明了雙原子分子的**內部**運動之平均動能，不包括它的本身之 CM 運動，是等於 $\frac{3}{2}kT$！因為分子各部分的總動能則是 $\frac{1}{2}m_A v_A^2 + \frac{1}{2}m_B v_B^2$，它的平均值是 $\frac{3}{2}kT + \frac{3}{2}kT$，也就是 $3kT$。質心運動的動能是 $\frac{3}{2}kT$，所以分子中這兩個原子的旋轉與振動的平均動能，則等於前述兩個動能的差，$\frac{3}{2}kT$。

有關 CM 運動的平均能量之定理是一般性的：任何可視為一個整體的物體，不論力是否存在，對每個獨立的運動方向而言，運動的平均動能是 $\frac{1}{2}kT$。這些「獨立的運動方向」稱為系統的**自由度**（degrees of freedom）。若分子由 $r$ 個原子組成，自由度等於 $3r$，因為每一個原子需要三個座標來定出位置。整個分子的動能可以表示成個別原子的動能總和，或者是 CM 運動的動能加上內部運動的動能之總和。後者有時也可以表示成分子中轉動動能與振動能量的和，但這只是一種近似。我們的定理可以應用於含 $r$ 個原子的分子，比方說那個分子平均而言具有 $3rkT/2$ 焦耳的動能，其中 $\frac{3}{2}kT$ 是整個分子的質心動能，剩下的 $\frac{3}{2}(r-1)kT$ 是內部的振動與轉動的動能。

# 第40章
# 統計力學原理

# 40-1 指數式下降的大氣壓

　　我們已經討論過了極大數量的互撞原子的一些性質。這個主題稱為分子運動論（kinetic theory），這是以原子之間的碰撞為觀點來描述物質。基本上，我們主張物質的總體性質應該由它們各部分的運動來解釋。

　　目前我們只局限於熱平衡的情況，它只是所有自然現象的一部分。把力學原理應用到熱平衡上就稱為**統計力學**（statistical mechanics），在這一節，我們想要認識這門學問的一些主要原理。

　　我們前面已經介紹了一個統計力學的定理，就是每一個獨立運動，也就是每一個自由度，在絕對溫度 $T$，任何運動的動能平均值等於 $\frac{1}{2}kT$。它告訴我們什麼是原子的方均速度（mean square velocity）。我們現在的目標是要更進一步瞭解原子的位置，找出在熱平衡時有多少原子會處於不同的地方，並且更詳細瞭解速度的分布。雖然我們知道了方均速度，但是我們仍然不知道怎樣回答一些問題，例如，到底它們之中有多少原子前進的速度會比方均根還快三倍，或是有多少原子前進的速度是方均根速度的四分之一，或者，它們是否都恰好有同樣的速率？

　　所以我們想要回答兩個問題：當力作用於分子時，分子在空間的分布情形如何，以及它們在速度上又有怎樣的分布？

　　我們會發現這兩個問題根本是完全獨立的，而且速度的分布永遠不會改變。關於後面這個事實我們之前已經得到了一些線索，我們已發現，不論是什麼樣的力作用在分子上，平均動能都是同樣的，即每一個自由度的平均動能都是 $\frac{1}{2}kT$。分子的速度分布與力無關，因為碰撞速率不隨力而改變。

　　讓我們先來看分子在大氣中分布的例子，這個大氣就像我們地球上的大氣一樣，只是沒有風或是其他擾動。假設我們有一個氣柱延伸得非常高，而且裡頭的空氣是在熱平衡的狀態，這個假設的狀況不像我們的大氣，因為我們的大氣是愈往上就愈冷。我們可以說明一件事，假如高度不同，溫度也不同，我們可以示範這是不平衡的狀態，在氣柱旁邊連接一根桿子，在桿子的上方與下方各放進去幾個小球（見圖40-1），下方的球因為從分子接收了 $\frac{1}{2}kT$ 的能量而開始振動，透過桿子，上方的球也會跟著振動，導致上端的分子振動。所以，最終在一個重力場中，所有高度的溫度當然都會相同。

　　假如所有高度的溫度都相同，問題是要如何找出定律來說明大

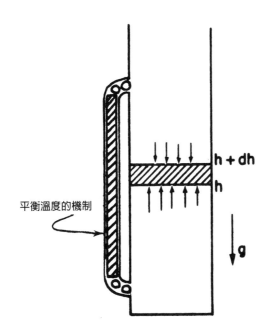

圖40-1　高度 $h$ 的壓力必須超過在 $h + dh$ 的壓力，壓力差等於介於其間的氣體重量。

氣如何在愈高處就愈稀薄。假如在壓力 $P$ 下，體積爲 $V$ 的氣體中，分子的總數目是 $N$，那麼我們知道 $PV = NkT$，或是 $P = nkT$，此處 $n = N/V$ 是每單位體積中的分子數目。也就是說，我們知道了壓力，就知道 $n$。同樣的，如果知道了 $n$，也就知道了壓力：因爲在這個問題中溫度不變，所以壓力與密度互成正比。但是壓力並不是固定的，當高度減低時，壓力必定會上升，因爲它必須支撐上面所有氣體的重量。這是個線索，我們可以用它來決定壓力如何隨著高度變化。如果我們考慮在高度 $h$ 的單位面積，那麼從下面垂直上來到達這個面積的力，就是壓力 $P$。若沒有地心引力，在高度 $h + dh$，每單位面積向下壓的力應該也等於 $P$。但這裡不是如此，因爲從下面來的力必定大過上面的力，其超出的量是在 $h$ 與 $h + dh$ 之間那個部分的氣體重量。因爲 $mg$ 是每個分子所受到的重力，$g$ 是重力加速度，且 $n \, dh$ 是在 $h$ 與 $h + dh$ 之間的總分子數目。由此可以得到微分方程式 $P_{h+dh} - P_h = dP = -mgn \, dh$。因爲 $P = nkT$，且 $T$ 是一個常數，我們可以消去 $P$ 或是 $n$，比如說在這裡消掉 $P$，可以得到

$$\frac{dn}{dh} = -\frac{mg}{kT} \, n$$

這個微分方程式告訴我們，當高度上升時密度如何下降。

我們因此得到了粒子密度 $n$ 的方程式，密度隨高度而改變，但它的導數與自己成正比。如果一個函數的導數與自己成正比，這個函數即是一個指數函數，所以這個微分方程式的解是

$$n = n_0 e^{-mgh/kT} \tag{40.1}$$

在這裡，積分常數 $n_0$ 顯然是在高度 $h = 0$ 時的密度（它可以選定在任何位置），而且密度隨高度成指數式下降。

　　現在，假如我們有不同質量的各種分子，它們會以不同的指數方式減少。隨著高度提升，重的分子會比輕的分子要下降得快些。因此我們會認為，由於氧氣比氮氣重，當我們上升得愈來愈高時，在含有氧與氮的大氣中，氮的比例會增加。然而，在我們的大氣中，情況並非真的如此，至少在不是太高的高度中不會發生，因為那裡存在著太多擾動，會再把氣體混合在一起。我們的大氣不是等溫的大氣。雖然如此，較輕的物質，例如氫氣，仍然**有**一個**趨勢**，它們在大氣的極高處占了很大的比例，因為當其他比較大質量的分子的指數已經全部消失的時候，最小質量的指數函數還沒變成零（見圖40-2）。

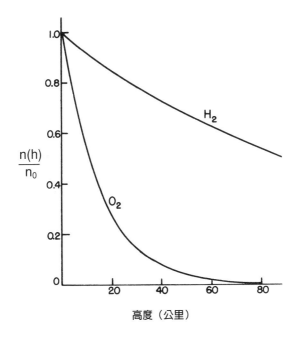

圖 40-2　溫度固定時，已歸一化的氧與氫的密度是地球重力場高度的函數。

## 40-2 波茲曼定律

在這裡，我們看到一個有趣的事實，(40.1)式中的指數是個比值，其分子是原子的**位能**。所以我們也可以把這個特別的定律陳述為：在任何一點的密度與

$$e^{-(每個原子的位能/kT)}$$

成正比。

這看起來可能是個巧合，也就是說，可能是在均勻重力場的特例下才成立。然而，我們可以證明，這是一個適用範圍更廣、更一般性的公式。假設除了重力之外，還有其他種類的力對氣體中的分子作用。舉例來說，分子可以帶有電荷，因此可能受到電場的作用，或被另外的電荷所吸引。或者因為原子之間的相互吸引，或者與牆壁、與某個固體、與某種東西之間，存在著某種吸引力，它作用於所有的分子，並且隨著分子的位置而改變。現在為了簡單一些，我們假設所有的分子都相同，而且力也作用於每一個單獨分子，使得作用在一堆氣體上的總力，就只是分子數目乘上作用在每個分子上面的力。為了避免不必要的複雜性，我們選擇一個座標系統，讓 $x$ 軸是在力 **F** 的方向上。

用和以前同樣的方法，假如我們放兩個平行的平板在氣體中，使它們相隔的距離為 $dx$，那麼施加在每個原子上的力乘上每立方公分中的 $n$ 個原子（即前面 $nmg$ 之推廣），再乘上 $dx$，必須被壓力變化所平衡：$Fn\ dx = dP = kT\ dn$。或者也可以把這個定律寫成對我們以後的討論有用的形式。

$$F = kT \frac{d}{dx} (\ln n) \tag{40.2}$$

現在，請注意，這個 $-F\,dx$ 是我們把一個分子從 $x$ 移到 $x + dx$ 所做的功，如果 $F$ 是來自位能，也就是，如果所做的功可以用位能來代表的話，那麼這一項也將會是位能（P.E.）的差。位能的負微分等於所做的功 $F\,dx$，如此我們得到 $d(\ln n) = -d(\text{P.E.})/kT$，或者積分以後，

$$n = （常數）\, e^{-\text{P.E.}/kT} \tag{40.3}$$

因此我們在特例中所得到的結果，事實上卻具有一般性。（如果 $F$ 不是來自位能，結果又將如何？那麼(40.2)式就根本沒有解。當原子做循環運動時，如果外力對它所做的功不等於零，那麼原子的能量就會增加或損失掉，因此沒有辦法維持平衡。假如作用在原子上的外力不是保守力，熱平衡不可能存在。）(40.3)式是著名的**波茲曼定律**（Boltzmann's law），是另外一個統計力學的原理：我們發現分子在空間中具有某種排列的機率與「那個排列的負位能除以 $kT$」有指數關係。

那麼這就可以告訴我們有關分子的分布：假設我們在某種液體中有一個正離子，這個正離子吸引著周圍的負離子，離開正離子不同距離的負離子有多少？假如已經知道位能如何隨距離而變，那麼它們在不同距離的比例可以由這個定律來決定，其他許多類似的情況也可以應用此定律。

## 40-3 液體的蒸發

在更高深的統計力學中，我們可以嘗試解答下面的重要問題。考慮一群相互吸引的分子，假設任何兩個分子，比如說 $i$ 與 $j$ 之間

的力僅取決於它們之間的距離 $r_{ij}$，並且可以用位能函數 $V(r_{ij})$ 的微分來代表。圖 40-3 顯示了這樣一個函數的可能形式。如果 $r > r_0$，當分子靠攏時，能量減少，因爲它們相互吸引，然而當它們更靠攏時，能量反而突然劇增，這是由於分子彼此強烈排斥，簡略的說，這就是分子行爲的特性。

現在假設，我們有一個盒子裝滿了這樣的分子，我們想知道平均而言，分子是怎樣安排它們自己。答案是 $e^{-\text{P.E.}/kT}$。假使力都是成對的（在更複雜的情況中，也可能有三體的力，但是以電力這個例子來說，位能全都是成對的），那麼這個情況的總位能就是所有成對位能的和。因此找到分子處於任何特定 $r_{ij}$ 組合的機率，將與下式成正比：

$$\exp\left[-\sum_{i,j} V(r_{ij})/kT\right]$$

現在，假如溫度非常高，以致於 $kT >> |V(r_0)|$，則這個函數中的指數不論在那裡都相當小，所以我們找到分子的機率，幾乎與位置沒有關係。讓我們來看只有兩個分子的例子：$e^{-\text{P.E.}/kT}$ 應該是找

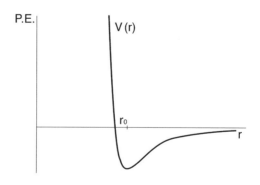

圖 40-3　兩個分子的位能函數，只取決於它們相隔的距離。

到兩個分子相隔各種距離 $r$ 的機率。很明顯，在位能趨於最負值的地方，機率最大，而如果位能趨於無窮大，機率幾乎等於零，這是發生在兩分子非常靠近的情況。也就是說，氣體中的原子幾乎沒有機會互相重疊，因爲它們強烈的互相排斥。但是在**每單位體積**中找到它們相距 $r_0$ 的機會，比在其他距離都大。大多少，則視溫度而定。假如溫度與 $r = r_0$ 跟 $r = \infty$ 之間的能量差相比較，顯得非常大，指數函數的值永遠接近於 1，此時平均動能（大約等於 $kT$）大過位能許多，因此力起不了什麼作用。但是當溫度下降，在 $r_0$ 距離處能夠找到分子的機率會慢慢增加（相對於在別處找到的機率），事實上，如果 $kT$ 比 $|V(r_0)|$ 小了許多，我們在 $r_0$ 附近會有一個相對而言較大的指數。換句話說，在特定的體積中，兩分子間的距離是最小能量的距離**遠較**相距很遠的機率大很多。當溫度下降時，原子之間的距離愈來愈小，成團成堆的收縮成液體或固體，而當你再加熱時，它們就會蒸發。

決定東西如何蒸發，以及在特定狀況下會發生什麼事的必要條件，涉及下面的情況。首先，要找出正確的分子力的形式 $V(r)$，這必須從別的地方得到，譬如量子力學，或者是經由實驗。在得到了分子間力的定律以後，要找出將近十億個分子的行動，僅需要研究一下函數 $e^{-\Sigma V_{i,j}/kT}$ 就可以了。讓人驚奇的是，儘管它是一個如此簡單的函數，而且也是非常容易瞭解的概念，可是在知道了位能以後，花在運算上的功夫卻是**極爲繁複**；最困難的地方是爲數衆多的變數。

雖然困難重重，這個題目還是相當令人振奮，而且又有趣。這類問題通常稱爲「多體問題」，實際上是頗具趣味的東西。那個簡單的一個公式中必須包含了所有的細節，舉例來說，關於氣體的固化，或者固體所能形成的結晶形狀，人們曾經嘗試用這個式子去瞭解，但是數學上的困難度實在太大，問題不在於寫出定律，而在於

要處理數目這麼龐大的變數。

　　這就是粒子在空間中的分布。實際而言,這也是古典統計力學的終結,因為假如我們知道了力,原則上就能夠找出分子在空間中的分布,至於速度的分布,是我們可以一次就解決的問題,因為它不是隨著不同情況而改變的東西。古典統計力學的主要問題是如何從波茲曼公式中得到特別的資訊。

## 40-4　分子速率的分布

　　接下來我們要討論的是分子速度的分布,因為有時候如果能夠知道它們之中到底有多少分子是以不同的速率運動,是十分有趣、或有用的事情。要達到這個目的,我們可以用上我們所知關於大氣中的氣體的一些事實。我們假設這是理想氣體,因為我們在寫下(重力)位能時,已經假設過可以忽視原子之間互相吸引的能量。在我們的第一個例子中,只考慮了重力位能。否則,如果把原子間的力加進去,就會使得問題變得更複雜。因此我們假設原子之間沒有力存在,所以此刻也不考慮碰撞的問題,我們以後再回頭說明這麼做的理由。

　　我們之前已經看到,與高度為零的位置相比,在高度 $h$ 的分子數目比較小;根據(40.1)式,分子的數目隨著高度以指數函數遞減。為什麼在比較高的地方,分子的數目會較少?難道不是所有的分子都能夠從高度為零的地方向上移動到高度 $h$?不是的!因為它們其中一些分子從零上來時的速度太慢,沒有辦法越過位勢障礙到達 $h$。有了這個線索,我們就能夠計算出有多少分子以不同的速度運動,因為從(40.1)式,我們知道**有多少**分子因為速度不足,沒有辦法爬升超過某個高度 $h$。這就是為什麼高度 $h$ 的密度低於高度為

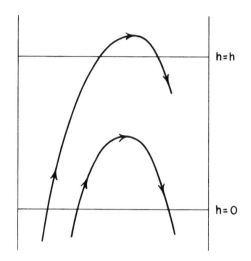

圖 40-4　只有在 $h = 0$ 時向上移動的分子，具有足夠的速度可以到達高
　　　　　度 $h$。

零時的密度。

　　現在我們把這個概念說得更準確一點：我們來數一數有多少個
分子正從在 $h = 0$ 平面下方跑到上方（稱這個高度 = 0，並不是說
在那裡眞的有一層地板；這只是一種方便的表示方法，負 $h$ 值的位
置仍有氣體）。這些氣體分子向著各個方向運動，但是其中有一些
可以穿過平面，在任何一刻，每秒鐘有某些數目的分子從下方以不
同的速度穿過平面。現在我們注意到下面的情況：假如我們稱 $u$ 是
上升到高度 $h$ 所需的速度（動能 $mu^2/2 = mgh$），那麼每秒鐘在垂直
方向上以大於 $u$ 的速度分量向上穿過較下層平面（$h = 0$）的分子數
目，恰好等於以**任何**速度向上穿過較上層平面（$h = h$）的分子數目。
那些垂直速度小於 $u$ 的分子，不能夠穿過較上層的平面。所以，我
們看到

(以 $v_z > u$ 通過 $h = 0$ 的數目) = (以 $v_z > 0$ 通過 $h = h$ 的數目)

但是以任何大於 0 的速度通過 $h$ 的原子數目，比以任何大於 0 的速度通過較低高度的數目還少，因爲後者的原子數目比較多；我們只需要知道這些就夠了。我們已經知道了速度的分布在不同的高度也相同，因爲我們之前已經證明在熱平衡之下，大氣的溫度在任何高度都相同。所以，既然速度的分布相同，而且在較低位置會有**較多的原子**，顯然以大於零的速度通過高度 $h$ 的數目 $n_{>0}(h)$，與以大於零的速度通過高度 0 的數目 $n_{>0}(0)$ 的比值，等於在兩個高度的密度的比值，也就是 $e^{-mgh/kT}$。可是 $n_{>0}(h) = n_{>u}(0)$，又因爲 $\frac{1}{2}mu^2 = mgh$，所以我們得到

$$\frac{n_{>u}(0)}{n_{>0}(0)} = e^{-mgh/kT} = e^{-mu^2/2kT}$$

因此，用文字敘述就是，每秒鐘每單位面積上，以大於 $u$ 的速度 $z$ 分量通過高度 0 的分子數，等於 $e^{-mu^2/2kT}$ 乘上以大於零的速度通過平面的總分子數。

　　這個結果不僅在我們隨意選擇的高度 $h = 0$ 成立，而且當然是在任何高度也都成立，因此所有高度的速度分布都**是**相同的！（最後的結果不涉及高度 $h$，$h$ 只出現在論證之中。）總之最後的結果是一個通用的公式，它讓我們知道速度的分布。它告訴我們，假如我們在一個氣體輸送管的旁邊鑽一個非常小的洞，使得原子間的距離比小洞的直徑大，所以原子碰撞的次數很少，那麼從小洞出來的粒子就具有不同的速度，但是出來的速度大於 $u$ 的粒子比例是 $e^{-mu^2/2kT}$。

　　我們現在再回到把碰撞忽略掉的問題：忽略碰撞爲何不會造成什麼影響？我們可以用同樣的論證來證明，但不是利用有限的高度

$h$，而是用無限小的高度 $h$，因為它是如此的小，以致於沒有辦法在 0 與 $h$ 之間發生碰撞。可是我們並不需要如此論證：因為這個論證的基礎顯然在於對於所涉及的能量的分析，也就是能量守恆，以及在碰撞時分子之間的能量交換。然而，我們並不在意我們是否追蹤同一個分子，假如它僅只是與另一個分子交換能量。所以結果就是，即使非常小心的分析問題（更嚴謹的分析自然是比較困難的），其結論也不會有什麼不同。

有趣的是，我們所找到的速度分布竟然只是

$$n_{>u} \propto e^{-動能 /kT} \tag{40.4}$$

這種描述速度分布的方法，是指出以某一個最低的速度 $z$ 分量穿過某面積的分子數目，但這不是代表速度分布的最方便方法。例如，在氣體中，我們經常想知道有多少分子是以介於某兩個值之間的速度 $z$ 分量在運動，不過這當然無法直接從(40.4)式得到。

我們想用更傳統的方式來說明我們的結果，雖然我們已經把它寫得十分具有一般性了。**請注意，我們不能夠說，某個分子精準的具有某一個速度**；例如，沒有一個分子的速度**剛好等於**每秒鐘 1.7962899173 公尺。為了要做有意義的說明，我們必須問，在某速度**範圍**內可以找到多少分子。我們必須說有多少分子的速度是介於 1.796 與 1.797 之間，諸如此類。用數學的專業術語說，$f(u)\ du$ 代表速度在 $u$ 與 $u + du$ 之間的分子於所有分子中所占的比例，另一個等價的說法是（假如 $du$ 是無限小），具有速度 $u$ 與範圍 $du$ 的所有分子。

圖 40-5 表示函數 $f(u)$ 的可能形狀，陰影部分（寬度為 $du$，平均高度為 $f(u)$）代表 $f(u)\ du$ 這個比例。換言之，陰影面積與曲線總面積的比，相當於速度在 $u$ 在 $u + du$ 之間的分子與所有分子中

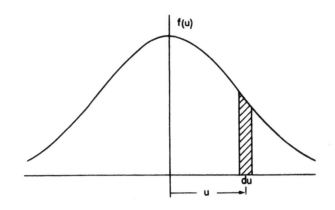

圖 40-5　速度分布函數。陰影區域是 $f(u)\ du$，即速度 $u$ 與 $u + du$ 之間的粒子占全部粒子的比例。

所占的比例。我們給 $f(u)$ 所下的定義，讓在這個速度範圍內的分子所占的比例等於陰影的面積，因此總面積應該是 100% 的分子，也就是

$$\int_{-\infty}^{\infty} f(u)\ du\ =\ 1 \tag{40.5}$$

現在我們只需要與前面已導出的定理比較，便可得到這個分布。首先，我們要問，若用 $f(u)$ 來表示，每秒鐘每單位面積上以大於 $u$ 的速度通過的分子有多少？最初我們可能認為這只是積分 $\int_{u}^{\infty} f(u)\ du$，但卻不是，因為我們所要求的是**每秒鐘**經過單位面積的數目。速度較快的分子通過的次數，比速度較慢的分子多，為了要表示通過的數目，必須乘上速度。（我們在前一章談到碰撞次數時就討論過了。）某一時距 $t$ 之內，經過表面的總數就是那些能夠到達表面的所有分子的數目，而到達的數目等於與表面的距離小於 $ut$ 的分子。所以到達表面的分子數目並不僅是在表面那裡的數目，而

是表面那裡每單位體積中的數目，乘上分子競相到達它們應該經過的面積時所掃過的距離，該距離與 u 成正比。因此我們需要 u 乘上 $f(u)\, du$ 的積分，從下限 u 到無限大的積分，這個積分必須與我們以前所找到的一樣，也就是 $e^{-mu^2/2kT}$，再乘上一個我們以後會求得的比例常數：

$$\int_u^\infty uf(u)\, du = \text{const} \cdot e^{-mu^2/2kT} \tag{40.6}$$

現在假如我們把這個積分對 u 微分，就得到積分裡的東西，也就是被積分函數（帶負號，因為 u 是下限），我們再對另一邊微分，會得到 u 乘上同一個指數函數（以及一些常數）。把這些 u 抵消掉，我們得到

$$f(u)\, du = Ce^{-mu^2/2kT}\, du \tag{40.7}$$

我們保留兩邊的 $du$，以便記得這是一個**分布**，它可以告訴我們速度在 u 與 $u + du$ 之間的分子比例是多少。

常數 C 必須使得(40.5)式的積分等於 1。我們可以證明★

★原注：為了得到積分的值，令

$$I = \int_{-\infty}^\infty e^{-x^2}\, dx$$

則

$$I^2 = \int_{-\infty}^\infty e^{-x^2}\, dx \cdot \int_{-\infty}^\infty e^{-y^2}\, dy = \int_{-\infty}^\infty \int_{-\infty}^\infty e^{-(x^2+y^2)}\, dy\, dx$$

它是在整個 $xy$ 平面上的二重積分。但是這也可以用極座標寫成

$$I^2 = \int_0^\infty e^{-r^2} \cdot 2\pi r\, dr = \pi \int_0^\infty e^{-t}\, dt = \pi$$

$$\int_{-\infty}^{\infty} e^{-x^2}\, dx = \sqrt{\pi}$$

利用這個公式,很容易可以找出 $C = \sqrt{m/2\pi kT}$。

　　由於速度與動量成正比,我們也可以說每單位動量範圍的動量分布與 $e^{-\text{K.E.}/kT}$ 成正比。事實上這個定理在相對論中也成立,假如我們所談的是動量分布而不是速度分布,因此最好是學著用動量而不是速度來看:

$$f(p)\, dp = Ce^{-\text{K.E.}/kT}\, dp \tag{40.8}$$

所以我們發現,不同情況下的能量(動能與位能)的機率,可以用 $e^{-\text{能量}/kT}$ 來表示,這是非常容易記住且又漂亮的命題。

　　到目前為止,我們有的只是「垂直的」速度分布。我們或許會問,分子另一個方向的速度的分布是什麼呢?當然這些分布全是有關聯的,我們可以從已經有的,去找出完整的分布,因為完整的分布只取決於速度大小的平方,並不只取決於 $z$ 分量而改變。這分布必須獨立於方向,而且只涉及一個函數,也就是不同量值的機率。我們已經得到 $z$ 分量的分布,所以我們能夠從它找出其他分量的分布。結果是,機率仍與 $e^{-\text{K.E.}/kT}$ 成正比,但是現在動能牽涉到三個部分, $mv_x^2/2$、$mv_y^2/2$、$mv_z^2/2$,在指數中相加起來,或者我們可以把它寫成乘積的形式:

$$f(v_x, v_y, v_z)\, dv_x\, dv_y\, dv_z$$
$$\propto e^{-mv_x^2/2kT} \cdot e^{-mv_y^2/2kT} \cdot e^{-mv_z^2/2kT}\, dv_x\, dv_y\, dv_z$$

$$\tag{40.9}$$

你可以看出來這個公式是正確的，因為，第一，它只是 $v^2$ 的函數，符合要求，第二，對 $v_x$ 與 $v_y$ 積分之後所得到的各種 $v_z$ 值的機率，和(40.7)式一樣。但是(40.9)這一個函數卻可以執行這兩種工作！

## 40-5 氣體的比熱

現在我們要討論的是可以用來檢驗這個理論的一些方法，來看看古典氣體理論有多成功。早先我們看到，假如 $U$ 是 $N$ 個分子的內能，那麼或許對於有些氣體來說，$PV = NkT = (\gamma - 1)U$ 有時就會成立。假如是單原子氣體，我們知道這也等於原子質心動能的 $\frac{2}{3}$。如果是單原子氣體，那麼動能等於內能，因此 $\gamma - 1 = \frac{2}{3}$。但如果它是比較複雜的分子，可以轉動與振動，而且我們假設，動能也與 $kT$ 成正比（根據古典力學，這是成立的）。那麼在某個溫度，除了動能 $\frac{3}{2}kT$，還有內部振動或是轉動的能量。所以總 $U$ 不只是動能，而且還包括了轉動能量，因此我們得到一個不同的 $\gamma$ 值。技術上來說，測量 $\gamma$ 的最佳方法是測量氣體的比熱，比熱是能量隨溫度的變化。我們以後將再回到這個件事。就眼前的目的來說，我們可以假設 $\gamma$ 是從測量絕熱壓縮的 $PV^\gamma$ 曲線而得到的。

讓我們來計算一些例子中的 $\gamma$ 值。首先是單原子氣體，$U$ 是總能量，與動能相同，而且我們已經知道 $\gamma$ 應該等於 $\frac{5}{3}$。對雙原子氣體來說，我們可以舉氧、氫、碘化氫等例子，並且假設雙原子氣體可以用兩個單獨原子由某種力（就圖40-3所顯示的那種）把兩個拉在一起來代表。我們也可以假設（這也近乎事實），在適合的溫度，這一對原子之間的距離很接近 $r_0$，即位能極小時的距離。假設這個說法不成立，也就是氣體停留在靠近位能底部的機率不是太

大，使得大部分氣體中的雙原子間的距離不見得是 $r_0$，則我們要記住，氧氣是混合物，由 $O_2$ 分子與單個氧原子以某一特定的比率混合而成，但我們知道，事實上單個氧原子的數目非常少，這意思是說，最低位能在數值上比 $kT$ 大許多（即圖 40-3 中曲線的極小值的絕對值比 $kT$ 大很多），這我們已經看出來了，因此在一般溫度，雙原子間的距離幾乎就是 $r_0$。既然氧原子在 $r_0$ 附近緊密聚在一起，在曲線上唯一需要注意的部分是靠近最低點的部分，這部分近似於一個拋物線。拋物線形狀的位能意味著這是諧振子，而事實上這是一個很好的近似，氧分子可以看成是兩個原子被彈簧連在一起。

現在的問題是，在溫度 $T$，這個分子的總能量是多少？我們知道就兩個原子中的每一個原子來說，動能是 $\frac{3}{2}kT$，所以兩個原子的動能是 $\frac{3}{2}kT + \frac{3}{2}kT$。我們也可以用另外一種方法來表示：同樣是 $\frac{3}{2}$ 加 $\frac{3}{2}$，也可以看成是質心動能（$\frac{3}{2}$）、轉動動能（$\frac{2}{2}$）以及振動動能（$\frac{1}{2}$）。我們之所以知道振動的動能是 $\frac{1}{2}$，是因為它只牽涉到一維空間，而每一個自由度有 $\frac{1}{2}kT$。至於轉動，它可以繞兩個軸之中的任何一軸轉動，所以有兩個獨立的運動。我們假設原子是某種點，所以不能夠以連心線為轉軸而轉動；這要切記在心，因為萬一結果與實驗不符，這可能就是麻煩的來源。但是還有一件事，就是**振動**的位能：它應該是多少？就一個諧振子來說，平均動能等於平均位能，所以振動的位能也是 $\frac{1}{2}kT$。因此能量總和是 $U = \frac{7}{2}kT$，或者是說每個原子的 $kT$ 是 $\frac{2}{7}U$。這個結果的意思是，$\gamma$ 是 $\frac{9}{7}$，而非 $\frac{5}{3}$，也就是 $\gamma = 1.286$。

我們可以把這些數字與表 40-1 中相關的測量值做比較。首先來看氦，它是單原子氣體，我們可以看出，它的 $\gamma$ 非常接近 $\frac{5}{3}$，誤差可能來自實驗，雖然在如此低的溫度下，還是有一些力存在於原子之間。氪與氙也都是單原子氣體，在誤差範圍內，也與實驗相符。

表 40-1　各種氣體的比熱比，$\gamma$

| 氣體 | T（℃） | $\gamma$ |
|---|---|---|
| 氦（He） | −180 | 1.660 |
| 氪（Kr） | 19 | 1.68 |
| 氬（Ar） | 15 | 1.668 |
| 氫（H$_2$） | 100 | 1.404 |
| 氧（O$_2$） | 100 | 1.399 |
| 碘化氫（HI） | 100 | 1.40 |
| 溴（Br$_2$） | 300 | 1.32 |
| 碘（I$_2$） | 185 | 1.30 |
| 氨（NH$_3$） | 15 | 1.310 |
| 乙烷（C$_2$H$_6$） | 15 | 1.22 |

　　我們現在來看雙原子氣體，發現氫的值是 1.404，它與從理論推算出來的 1.286 不相符合。氧是 1.399，與氫非常相似，同樣也與計算值不符合。碘化氫也類似，是 1.40。看起來 1.40 似乎是正確答案，然而卻不是這樣，因為假如我們再進一步看溴，它是 1.32，而碘的值是 1.30。因為 1.30 相當接近 1.286，對碘而言，可以說是非常接近理論預測，但是氧就相差太多了。所以我們遇到了困難。我們的答案對某一種分子是對的，但是對另外的分子又不符合，或許我們需要相當聰明才能解釋兩者。

　　讓我們進一步看看具有多個原子的更複雜分子，例如乙烷。它有八個原子，這些原子以各種組合進行振動與轉動，所以全部的內能必定是一個相當大的數目乘上 $kT$，單只是動能最少就有 $12kT$ 的動能，同時 $\gamma - 1$ 必定接近於零，或 $\gamma$ 幾乎等於 1。事實上，這個數字是還要低一些，但 1.22 還不夠低，它大於光從動能計算得來的值 $1\frac{1}{12}$，這實在難以理解！

　　此外,這整個玄機是如此深奧,因爲雙原子分子不能透過取某種極限而把它當成是剛體。即使我們把兩者的連結變得無止盡的堅硬,使它不太振動,但它仍會繼續振動。內部的振動能量仍然是 $kT$,因爲它不隨著兩者連接的強度而變。但是假如我們可以把它想像成是**絕對的**剛體,停止所有的振動,以便減少一個自由度,那麼從這種雙原子的情況,我們應該得到 $U = \frac{5}{2}kT$,以及 $\gamma = 1.40$。對 $H_2$ 與 $O_2$ 來說,結果看起來還相當不錯。不過仍然還有其他的問題,因爲 $\gamma$ 無論是對氫或是氧而言,都會隨著溫度而變!從圖 40-6 所顯示的數據,我們可以看出,對於氫,$\gamma$ 從 –185 ℃的 1.6,到 2000 ℃的 1.3。氫的變化要比氧的變化還更大一些,雖然如此,即使是氧,在溫度下降時,$\gamma$ 確實還是會變大。

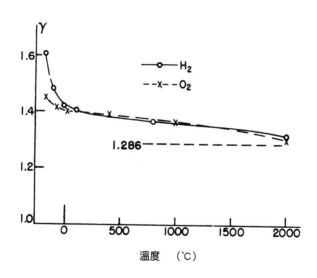

圖 40-6　$\gamma$ 的實驗數值當作氫與氧的溫度之函數。古典理論的預測值 $\gamma$ = 1.286,不隨溫度改變。

## 40-6 古典物理的失敗

　　所以，總而言之，我們可以說，的確遭遇上了某些困難。我們
或許可以試試除了彈簧力之外的其他種力的形式，但結果是，其他
種形式的力只有讓 $\gamma$ 的值升高而已。假如我們加進更多形式的能
量，$\gamma$ 就更接近於 1，這與事實相反。我們所能夠想到的所有古典
理論的東西，只有把事情愈弄愈糟。實際情況是，每個原子中都有
電子，從它們的光譜，我們可以知道原子內存在著各式各樣的運
動：每一個電子最少要有 $\frac{1}{2}kT$ 的動能，以及一些位能，所以在把
這些都加進去以後，所得到的 $\gamma$ 值只有更小。這是荒謬的。根本不
對。

　　第一篇偉大的氣體動力論論文由馬克士威發表於 1859 年。他
以我們討論過的觀念爲基礎，能夠正確解釋許多已經知道的關係，
例如波以耳定律（Boyle's Law）、擴散理論、氣體的黏滯性，以及一
些我們將在下一章討論到的東西。他把所有的這些偉大的成就列在
最終摘要中，他在摘要的結尾說：「最後，在所有不是圓的粒子的
平移與轉動之間建立了必要的關係（他是指有關 $\frac{1}{2}kT$ 的定理）之
後，我們終於證明了，像這樣的粒子系統是不可能滿足兩種比熱之
間的已知關係。」他是指 $\gamma$ 而言（這個我們在後面會看到，與兩種
測量比熱的方法有關），並且他又說，我們知道，我們根本不可能
得到正確的答案。

　　十年以後，在一次演講上，他說：「我現在出示在各位面前
的，是我認爲在分子理論上遭遇到的最大困難。」這些話代表了首
度發現古典物理是錯的。這也是首次有跡象，有些東西根本不可能
加以解釋，因爲嚴格證明出來的定理與實驗結果不符。大約在

1890 年，京士（James Jeans, 1877-1946）又重新提到了這個令人不解的謎。我們常聽到有人說，十九世紀末的物理學家認為他們已經瞭解了所有重要的物理定律，而他們需要做的就是把數字算得更精確而已。只要有人說過一次，其他的人就會跟著仿效。但是仔細查看一下那個時期的文獻，可以看出當時的物理學家都在擔心著某件事，對於這個謎，京士說它是非常神祕的現象，似乎在溫度下降時，某些運動會「凍結」起來。

假如我們能夠假設，比如說振動的運動，在低溫時不存在，而只存在於高溫，那麼我們可以想像氣體在足夠低的溫度下，沒有振動發生，所以 $\gamma = 1.40$，或是在較高的溫度下，氣體才開始振動，因此 $\gamma$ 就變小。同樣的論點也可以應用於轉動。如果我們可以去掉轉動，說它在夠低的溫度下「凍結」了，那麼我們就能夠瞭解為何在溫度下降時，氫的 $\gamma$ 是趨近於 1.66。我們要怎樣來理解這個現象呢？當然，運動「凍結」的想法在古典力學中是沒有辦法理解的。只有在發現量子力學以後才能夠瞭解。

我們無法在此證明，而只能說這是量子統計力學的結果。我們記得，根據量子力學，一個系統被一個位勢所局限，例如振動，會有一組離散的能階，也就是不同能量的狀態。現在的問題是：如何根據量子力學理論來修正統計力學？結果相當有趣，雖然許多問題在量子力學中比在古典力學中更困難，但是統計力學的問題在量子力學中卻變得比較簡單！在古典力學中我們得到的簡單結果，$n = n_0 e^{-\text{能量}/kT}$，變成下面非常重要的定理：假如一組分子態的能量稱為，譬如說，$E_0$、$E_1$、$E_2$ …… $E_i$ ……，那麼在熱平衡中，找到一個分子在具有能量 $E_i$ 的狀態的機率與 $e^{-E_i/kT}$ 成正比。由此可以求出分子處在各種狀態的機率。換句話說，處於 $E_1$ 狀態的機率與處於 $E_0$ 狀態的機率相比是

$$\frac{P_1}{P_0} = \frac{e^{-E_1/kT}}{e^{-E_0/kT}} \qquad (40.10)$$

因為 $P_1 = n_1/N$ 與 $P_0 = n_0/N$，上式當然與下式相同：

$$n_1 = n_0 e^{-(E_1-E_0)/kT} \qquad (40.11)$$

所以處於較高能量狀態的機率小於處於較低能量狀態的機率。處於高能量狀態的原子數目與處於低能量狀態原子數目的比，是 $e$ 的「－(能量差除以 $kT$)」次方，這眞是非常簡單的陳述。

事實上，對諧振子而言，能階間的距離是固定的。若把最低的能量稱爲 $E_0 = 0$（實際上並不等於零，它是另一個值，但假如我們把所有能量都減去一個常數，那就沒有關係），那麼第一個能量就是 $E_1 = \hbar\omega$，第二個是 $2\hbar\omega$，第三個是 $3\hbar\omega$ 等等。

現在我們來看看會發生什麼情況。假設我們是在研究一個雙原子分子的振動，我們將它近似成一諧振子。我們要問在 $E_1$ 態，而不是在 $E_0$ 態，找到一個分子的相對機率。答案是，在 $E_1$ 態找到的機率，相對於 $E_0$ 態，兩者的比值會等於 $e^{-\hbar\omega/kT}$。假設 $kT$ 比 $\hbar\omega$ 小，也就是低溫的情況。那麼在 $E_1$ 態找到的機會就非常小。基本上所有的原子都在 $E_0$ 態。假如我們改變溫度，但仍維持很低的溫度，那麼在 $E_1$ 態找到的機會，還是會維持在無限小的值，振子的能量也接近於零；只要溫度比 $\hbar\omega$ 小很多，機率就不會隨溫度而變。所有的振子都處在最低能量狀態中，它們的運動被有效的「凍結」住：**對於比熱完全沒有貢獻**。

那麼，我們就可以判斷在表 40-1 中，當溫度爲 100 ℃，也就是絕對溫度 373 度，對氧與氫分子而言，$kT$ 定然比振動能量小許多，但是碘分子則不然。會有這個差異的原因是，與氫相較，碘原

子重了許多,雖然碘與氫中的力大小約略相同,可是碘分子如此之重,使其振動的固有頻率與氫的固有頻率比較起來非常低。室溫下,氫的 $\hbar\omega$ 比 $kT$ 大很多,但碘的 $\hbar\omega$ 則是小了許多,所以只有碘能顯示出古典的振動能量。當我們提升氣體的溫度,從非常低的 $T$ 值開始,所有分子幾乎都在最低狀態,然後它們在第二個狀態漸漸有了一點點機率,然後再下一個狀態的機率又漸漸變大,如此繼續下去。當許多狀態有了不可忽視的機率時,氣體的行為開始接近古典物理中所說的狀況,因為量子化狀態與連續能量幾乎已無法分辨,因此這個系統幾乎可以擁有任何能量。

所以,當溫度上升,我們應該又會得到古典物理的結果,事實上也真的如此,就像圖 40-6 所示。同樣的,也可以用相同的方法來證明原子的轉動態也是量子化了的,但是因為各個狀態太過於接近,在通常的情況下,$kT$ 比各能階之間的距離要大。因此許多能階同時受激發,以致於系統中的轉動動能以古典的方式呈現。在室溫,只有氫的行為不完全是這個樣子。

這是第一次,我們透過與實驗比較,真正推論出古典物理有些問題,而且我們在量子力學中尋找問題的解,和當初的做法一樣。過了 30 到 40 年,物理學家才又遇到另外一個難題,仍然與統計力學有關,只是這次是關於光子氣體的力學。這個問題在二十世紀初,由普朗克(Max Planck, 1858-1947)解決。

# 第41章 | 布朗運動

# 41-1 能量均分

　　布朗運動（Brownian movement）是由植物學家布朗（Robert Brown, 1733-1858）在 1827 年所發現的。用顯微鏡研究生物時，注意到植物花粉小粒子在液體中跑來跑去移動，他夠聰明，知道這些不是活的，而僅是小粒灰塵在水中到處移動。他用在地上找到的一塊年代久遠、含有水分的石英，來說明這種運動與生命無關。石英裡的水可能已經封存億萬年之久了，但是仍然可以看見同樣的運動。大家所看見的是，裡面的微小粒子一直無休止的運動。

　　後來證明這就是**分子運動**的一種效應，我們可以把它的性質想像成是推球遊戲中的球，從遠距離看，球下面似乎有許多人正在把球推向各種不同的方向。我們看不清楚人群，因為我們假想自己離得非常遠，但是我們卻可以看到球，而且注意到它那朝各方向、相當不規則的運動。從前面幾章所討論過的理論，我們知道，在液體或者是氣體中懸浮的一顆小粒子，平均動能等於 $\frac{3}{2}kT$，雖然這樣的粒子比起一個分子重了許多。假如這粒子很重，意思是說，速度相對較慢，但是實際上，速度並不是真的那麼慢。事實上，我們很不容易看到像這樣一顆小粒子的速度，因為雖然它的平均動能是 $\frac{3}{2}kT$，代表每秒鐘大約 1 公釐的速度，對直徑為一百萬分之一公尺或兩百萬分之一公尺的物體而言，即使是在顯微鏡下面也很難看見這種速度，因為這個粒子並非停留在固定的地方，而是不停的變換方向在移動，但是跑不遠。至於它到底能夠跑多遠，我們會在這一章的結尾再來討論。這個問題在二十世紀初時，由愛因斯坦（Albert Einstein）率先找出了解答。

　　此外，當我們說這個粒子的平均動能是 $\frac{3}{2}kT$，我們宣聲是根據

分子運動論推導出這個結果，也就是根據牛頓定律。我們接下來會發現，從分子運動論還可以推導出許多精彩的結論。我們能夠從這麼一點點東西，推導出如此多的結果，實在很有意思。當然我們不是說牛頓定律只有「一點點」，實際上，它很有料。我們真正的意思是，**我們**沒有花太多功夫就導出結論。我們怎麼能夠推導出這麼多的東西？答案是：我們長期以來一直使用某個重要的假設：假若有某個系統在某個溫度達到熱平衡，它也必定與**任何其他東西**在同樣的溫度下達到熱平衡。

舉例來說，如果我們想知道一個粒子如果真正與水碰撞，應該如何運動。我們可以想像那裡同時有氣體存在，這氣體由另一種粒子，一種微小珠子所組成，（我們假設）氣體不與水互相作用，只會扎扎實實的撞擊到這個粒子。假設這粒子有一個尖叉突出來；氣體小珠子需要做的就是去撞擊那個尖叉。這個想像中的氣體小珠子在溫度 $T$ 時的性質我們通通知道──它是理想氣體。水比較複雜，但是理想氣體卻很簡單。現在，**我們的粒子必須與氣體小珠子達到平衡**。所以，粒子的平均運動一定是從氣體碰撞而得到，因為如果粒子相對於水的速度不對，而是稍快一點，那麼小珠子就會從粒子獲得能量，變得比水還熱。然而開始時它們都在同溫度，而且我們假設一樣東西一旦達到平衡，它就會保持平衡，不會有一部分變得比較熱，而同時另外一部分則比較涼。

以上這個主張是正確的，而且可以用力學定律來證明，但是證明非常複雜，必須借助高等力學才能夠達到目的。利用量子力學來證明會比用古典力學容易得多。最早是波茲曼（Ludwig E. Boltzmann, 1844-1906）所證明，此刻我們只要認定它是對的就行了，接下來我們就可以主張，我們的粒子被人工小珠子撞到時，必須具有 $\frac{3}{2}kT$ 的能量，所以當粒子是在同樣的溫度被水撞擊到，而且我們把小珠子

拿走時，粒子也必須具有 $\frac{3}{2}kT$ ；因此它是 $\frac{3}{2}kT$ 。這套邏輯很奇怪，但是卻完全成立。

除了膠態粒子的運動（布朗運動最早是在膠態粒子中發現的）之外，還有幾個其他現象，我們可以在實驗室與其他情況看到布朗運動。想像我們正在試著裝設最精緻的設備，比如說把一個非常小的鏡子掛在細石英纖維上，製作成一個非常靈敏的衝擊檢流計（ballistic galvanometer，見圖 41-1），這個鏡子不會靜止不動，而是一直在晃動，**始終**晃個不停，當我們把光照射到鏡子上要看光點的位置，光點卻老是停不下來，因為鏡子一直轉來轉去。為什麼？因為這個鏡子有轉動動能，其平均必須等於 $\frac{1}{2}kT$ 。

這個鏡子晃動角度的方均值是多少？我們輕敲其一邊，看它來回振動一次需要多長時間，就可以找到鏡子的固有振動週期，而且我們也知道它的慣性 $I$ 。我們從 (19.8) 式知道轉動動能的公式是 $T = \frac{1}{2}I\omega^2$ 。這是動能，而位能則與角度平方成正比，也就是 $V = \frac{1}{2}\alpha\theta^2$ 。但是，如果我們知道週期 $t_0$ ，並且從它可以計算得到固有

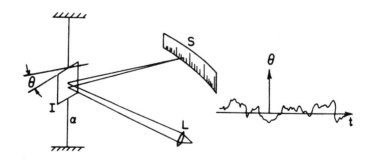

圖 41-1　(a) 一個靈敏的光束檢流計。來自光源 $L$ 的光被一面小鏡子反射到刻度上。(b) 刻度讀數隨時間變化的圖形紀錄。

頻率 $\omega_0 = 2\pi/t_0$，那麼位能就是 $V = \frac{1}{2}I\omega_0^2\theta^2$。我們知道，它的平均動能是 $\frac{1}{2}kT$，可是因爲它是一個諧振子，其平均位能也是 $\frac{1}{2}kT$。所以

$$\tfrac{1}{2}I\omega_0^2\langle\theta^2\rangle \;=\; \tfrac{1}{2}kT$$

也就是

$$\langle\theta^2\rangle \;=\; kT/I\omega_0^2 \qquad\qquad (41.1)$$

這樣我們就可以計算出檢流計鏡子的振盪角度，從而找出這儀器（振盪）的極限。如果我們想要比較小的振盪，必須讓鏡子冷卻。耐人尋味的問題是，冷卻**哪個位置**。這完全要看它的振盪是如何「啓動」的。假如是通過纖維，我們從頂上冷卻；如果是氣體環繞著鏡子，而且鏡子受撞擊大部分是來自氣體的碰撞，那就最好冷卻這團氣體。事實上，如果我們知道振盪的**阻尼**是從哪裡來的，那地方就一定是小輻漲落（fluctuation）的**來源**，這一點我們回頭再來討論。

　　說來神奇，這套論述在**電路**中也適用。假設我們對準某固定頻率，組裝一個靈敏又精準的放大器，並且有一個共振電路（圖 41-2）增加對這個已知頻率的靈敏度，就類似無線電接收器，只是更加精良。假設我們希望調到它的最低極限，於是我們拿電壓，比如說從電感獲得的，送到放大器的其他部分。當然，任何類似的電路，都會有某些耗損。這並不是完美的共振電路，但卻是相當不錯的，它具有一點點小電阻（我們把電阻器畫進去，是爲了提醒自己，但是電阻應當很小）。現在我們想知道：跨過感應線圈的電壓起伏漲落（變動）是多大？**答案是**：我們知道「動能」是 $\frac{1}{2}LI^2$ —— 與共振電路中的線圈有關的能量（見第 25 章）。所以 $\frac{1}{2}LI^2$ 的平均值等於

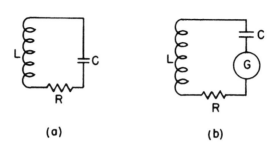

圖 41-2　高 $Q$ 共振電路。(a) 實際線路，在溫度 $T$ 時。(b) 虛設線路，具有一個理想（無雜訊）電阻與一個「雜訊產生器」$G$。

$\frac{1}{2}kT$ —— 這個告訴我們方均根電流（rms current）是多少，從這個均方根電流我們可以找出方均根電壓（rms voltage）。因爲跨過電感的電壓公式是 $\hat{V}_L = i\omega L\hat{I}$，而且在電感的平均絕對平方電壓（mean absolute square voltage）是 $\langle V_L^2 \rangle = L^2\omega_0^2\langle I^2 \rangle$，代入 $\frac{1}{2}L\langle I^2 \rangle = \frac{1}{2}kT$，我們得到

$$\langle V_L^2 \rangle = L\omega_0^2 kT \qquad (41.2)$$

現在我們就可以設計電路，且知道什麼情況會得到所謂的**江生雜訊**（Johnson noise），這個雜訊與熱起伏有關！

　　這次的起伏是從哪裡來的？還是來自**電阻器**——因爲電子與電阻器中的物質達到熱平衡，電阻器中的電子跑來跑去，電子的密度也跟著有微幅漲落。如此一來，它們就形成了小電場，驅動整個共振電路。

　　電機工程師卻有另外一種解釋。實體上，電阻器本身就是個雜訊源。然而，我們可以把這個含製造雜訊的電阻器的實體電路，換成一個虛設的（artificial）電路，包含一個小產生**器代表**雜訊，原先

的電阻器就成了一個理想的電阻器，因為沒有雜訊從那裡出來。所有的雜訊都在虛設產生器內。假設我們知道電阻器所產生的雜訊的特性，也有其公式，那麼我們就可以計算出電路會如何回應雜訊。

所以，我們需要雜訊起伏的公式。由電阻器所產生的雜訊在所有頻率都有，因為電阻器本身並不共振。當然整個共振電路只會「聽到」接近其正確頻率的部分，雖然該電阻器含有各種不同頻率。我們可以如此描述產生器的強度：如果電阻器是直接連到雜訊產生器的話，電阻器所吸收的平均功率等於 $\langle E^2 \rangle /R$，其中 $E$ 是來自產生器的電壓。但是我們想知道得更詳細一些，每一個頻率各有多少功率。功率是對頻率的分布函數，在任何一個頻率的功率都非常小。假設 $P(\omega)\,d\omega$ 是那個產生器在頻率範圍 $d\omega$ 內輸送到這個電阻器的功率，那麼我們能夠證明（我們會在另外一個例子中證明，但是它們在數學上是一模一樣），產生器出來的功率是

$$P(\omega)\,d\omega = (2/\pi)kT\,d\omega \qquad (41.3)$$

這樣的表示法**不受電阻值大小的影響**。

## 41-2 輻射熱平衡

以下我們討論一個更深入而且頗有趣味的觀念。假設我們有一個帶電振子，類似先前討論光的時候用過的帶電振子，例如在某個原子內上下振盪的某電子。如果是上下振盪的話，它就會輻射光線出來。現在假設這個振子是在含有其他原子的稀薄氣體中，而且不時與其他原子碰撞。然後經過了一段長時間達到了平衡，這個振子會逐步吸收能量直到擁有振盪動能 $\frac{1}{2}kT$，而且因為它是諧振子，它全部的能量將會變成 $kT$。當然到目前為止這是一個錯誤的敘

述，因為振子攜帶**電荷**，既然具有能量 $kT$，它會上下振動並**輻射光**。真實的物質中的電荷一定會（振動而）發出光線，因此物質不可能單獨達到熱平衡。隨著光的散發，能量流失，振子的 $kT$ 漸漸減少，振子碰撞的這團氣體也逐漸冷卻。就像尚有餘溫的爐灶向空中輻射出光，然後慢慢涼下來一樣。因為原子中的電子快速來回振動不斷輻射，正因為輻射，振動就漸漸慢了下來。

　　另一方面，假若我們把所有的東西都封閉在一個盒子中，光不會逸散，終究就**能夠**達到熱平衡。我們也可以把氣體放在盒子中，要嘛假設盒子壁上有其他的輻射器把光送回來，要嘛更進一步假設盒子壁全部是用鏡子做的。這樣的情況比較容易想像。因此我們假設，從振子出來的所有輻射，一直在盒子中跑來跑去。當然振子會開始輻射，但是即使振子在輻射，很快的，它就能夠維持能量 $kT$，因為它的光被盒子壁反射回來，同時照射到自己（我們可以這樣說）。這就是說，不久之後，盒子中就有大量的光衝來衝去，雖然振子也會輻射一些光出來，但反射的光就把振子輻射出去的能量送還一些。

　　現在我們要決定在溫度 $T$ 時，盒子中需要有多少光照到振子上才剛好可以抵消掉振子所輻射出去的能量。

　　假設氣體原子的數目不多，而且彼此之間的距離很遠，我們就能夠有理想振子，除了輻射阻力、沒有其他阻力。然後考量熱平衡時振子同時所做的兩件事情。首先，它具有平均能量 $kT$，我們計算它輻射出去的能量是多少。其次，這個輻射能量，必須剛好等於光照射到振子而散射的能量，否則能量沒地方去。這個有效輻射能量實際上就是回應現場的光而散射的光線。

　　我們先來計算每秒鐘振子所輻射的能量，先認定振子已擁有某些能量。（我們借用第 32 章有關輻射阻力的幾個方程式，不再重

新推導。）每一個弧度所輻射的能量除以振子的能量，稱為 $1/Q$（(32.8)式）， $1/Q = (dW/dt)/\omega_0 W$ 。套入 $\gamma$ ，就是阻尼常數，上式也可以寫成 $1/Q = \gamma/\omega_0$ ，此處 $\omega_0$ 是振子的固有頻率——如果 $\gamma$ 非常小的話， $Q$ 就非常大。那麼，每秒鐘輻射的能量就是

$$\frac{dW}{dt} = \frac{\omega_0 W}{Q} = \frac{\omega_0 W \gamma}{\omega_0} = \gamma W \tag{41.4}$$

因此，每秒鐘輻射的能量就只是 $\gamma$ 乘以振子的能量。這個振子的平均能量應該是 $kT$ ，所以我們知道， $\gamma kT$ 就是每秒鐘所輻射能量的平均值：

$$\langle dW/dt \rangle = \gamma kT \tag{41.5}$$

現在我們只要知道 $\gamma$ 就行了。 $\gamma$ 很容易從(32.12)式找出來。它就是

$$\gamma = \frac{\omega_0}{Q} = \frac{2}{3} \frac{r_0 \omega_0^2}{c} \tag{41.6}$$

此處 $r_0 = e^2/mc^2$ ，就是古典電子半徑，而且我們已經定義 $\lambda = 2\pi c/\omega_0$ 。

因此我們最後得到，接近頻率 $\omega_0$ 時，光的平均輻射率是

$$\frac{dW}{dt} = \frac{2}{3} \frac{r_0 \omega_0^2 kT}{c} \tag{41.7}$$

接下來我們要問，必須照射多少光在振子上。這個量必須要足夠，使得從光吸收到的能量（然後隨即散射出去）剛好這麼多。換句話說，放射出去的光，要靠照射在腔中振子上的光**散射**出來的光來彌補。所以，現在我們必須要計算，假如某輻射量（一個尚不知道的數目）入射到振子上面，振子散射出來的光的量是多少。我們設 $I(\omega)\, d\omega$ 是頻率為 $\omega$ 附近、某 $d\omega$ 範圍內的光能的量（光不會**剛好**在某特定頻率上：光會分布到整個光譜）。 $I(\omega)$ 是我們現在要去尋找的某一個**光譜分布**——那是爐灶在溫度 $T$ 時，我們打開爐灶

門、往內瞧所看見的顏色。有多少光被吸收了？我們計算某已知入
射光束被吸收的輻射量，用**截面積**來表示。就彷彿落在某個橫截面
上的光全都被吸收了一樣。因此再輻射（散射）出來的總量是入射
強度 $I(\omega)\,d\omega$ 乘以截面積 $\sigma$。

我們先前已經推導出截面的公式(32.19)式，其中沒有包括阻
尼。把原先忽略的電阻那一項放進去、再重新推導一遍，好在也不
難。如果我們這樣做，就可以用同樣的方法計算出截面積，我們得到

$$\sigma_s = \frac{8\pi r_0^2}{3}\left(\frac{\omega^4}{(\omega^2 - \omega_0^2)^2 + \gamma^2\omega^2}\right) \tag{41.8}$$

$\sigma_s$ 是頻率的函數，只有在 $\omega$ 非常接近固有頻率 $\omega_0$ 時，$\sigma_s$ 的值
才會很大。（記住，輻射振子的 $Q$ 大約是 $10^8$。）當 $\omega$ 等於 $\omega_0$
時，振子的散射會非常強，在其他的 $\omega$ 值則非常弱。所以我們可以
用 $\omega_0$ 取代 $\omega$，並以 $2\omega_0(\omega - \omega_0)$ 取代 $\omega^2 - \omega_0^2$，因此得到

$$\sigma_s = \frac{2\pi r_0^2\omega_0^2}{3[(\omega - \omega_0)^2 + \gamma^2/4]} \tag{41.9}$$

現在整個曲線是位於靠近 $\omega = \omega_0$ 的地方。（我們其實不需要做任
何近似，但是假若我們把這個方程式再簡化一些，積分會比較容
易。）現在我們把某頻率範圍的強度乘以散射的截面值，得到在
$d\omega$ 範圍中散射能量的值。那麼，**總**散射能量就是對所有 $\omega$ 的積
分。因此

$$\begin{aligned}
\frac{dW_s}{dt} &= \int_0^\infty I(\omega)\sigma_s(\omega)\,d\omega \\
&= \int_0^\infty \frac{2\pi r_0^2\omega_0^2 I(\omega)\,d\omega}{3[(\omega - \omega_0)^2 + \gamma^2/4]}
\end{aligned} \tag{41.10}$$

現在我們是設 $dW_s/dt = 3\gamma kT$。為什麼是三？因為在第 32 章中分析橫截面時，我們曾假設偏振現象使得光能夠驅動振子。假若我們當初用了只能在一個方向上移動的振子，而光線卻是在錯的方向上偏振，就不能夠產生任何散射。我們的做法，要嘛就是針對光的所有入射角和偏振方向，去算僅能單一方向振動的振子其截面積的平均值；要嘛就假設這振子會隨著光的場振盪，不論在什麼方向；後者比較簡單。這樣的振子能夠在三個方向進行同樣的振動，它應該具有 $3kT$ 的平均能量，因為這個振子有三個自由度。所以我們應該用 $3\gamma kT$，因為有三個自由度。

現在我們必須來積分。假設未知光譜分布 $I(\omega)$ 是一個平滑曲線，即使在 $\sigma_s$ 達到高峰時，非常狹窄的頻率範圍也不會改變太多（圖 41-3）。當 $\omega$ 非常接近 $\omega_0$ 時，在 $\gamma$ 值很小的範圍內，$I(\omega)$ 對積分值才有重大貢獻。因此，雖然 $I(\omega)$ 可能是未知，而且複雜的函

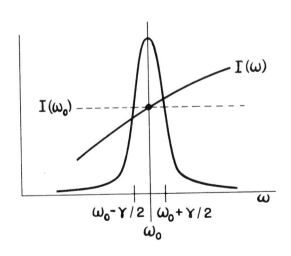

圖 41-3　在 (41.10) 式中被積函數的因數。波峰是共振曲線 $1/[(\omega - \omega_0)^2 + \gamma^2/4]$。$I(\omega)$ 這因數可用 $I(\omega_0)$ 取代，仍可得到極佳近似值。

數，但它只有在接近 $\omega = \omega_0$ 附近才重要，而且就在那裡，我們可以把平滑曲線用同樣高度的平直線（也就是一個「常數」）來取代。換言之，我們只要把 $I(\omega)$ 移到積分符號的外面，並且稱它是 $I(\omega_0)$ 就行了。我們也可以把其他的常數移到積分符號的前面，那麼留下來的就是

$$\tfrac{2}{3}\pi r_0^2 \omega_0^2 I(\omega_0) \int_0^\infty \frac{d\omega}{(\omega - \omega_0)^2 + \gamma^2/4} = 3\gamma kT \qquad (41.11)$$

現在，積分應該是從 0 到 $\infty$，但是 0 離 $\omega_0$ 那麼遠，而且曲線早就趨於零，因而積分的下限我們取負的 $\infty$ 值，也沒有什麼不同，反而比較容易積分。這個積分是一個反正切線函數，形式是 $\int dx/(x^2 + a^2)$。假如我們查積分表，就知道它等於 $\pi/a$。所以，我們的例子得到的結果是 $2\pi/\gamma$。經過重新排列，我們得到

$$I(\omega_0) = \frac{9\gamma^2 kT}{4\pi^2 r_0^2 \omega_0^2} \qquad (41.12)$$

我們用(41.6)式取代 $\gamma$（不必擔心 $\omega_0$ 的寫法；因為對任何 $\omega_0$ 都成立，我們可以稱它是 $\omega$ 即可），那麼 $I(\omega)$ 的公式就變成

$$I(\omega) = \frac{\omega^2 kT}{\pi^2 c^2} \qquad (41.13)$$

這公式就是光在熱爐灶的分布函數，稱做**黑體輻射**（black-body radiation），因為當溫度是零的時候，我們看爐灶孔裡面是黑色的。

　　根據古典理論，密閉盒子內，在溫度是 $T$ 時，(41.13)是輻射能分布的方程式。首先，讓我們來看一看這個式子的精采之處。振子的電荷、振子的質量，所有振子的特殊性質，全都**抵消掉**了，因為

一旦某個振子達到了平衡，其他不同質量的振子也必須達到平衡，否則我們無法自圓其說。平衡跟粒子種類無關，**只受溫度影響**。這樣的主張需受到檢驗，這點很重要。現在我們來畫 $I(\omega)$ 的曲線（見圖41-4）。它告訴我們，在各個不同的頻率有多少光。

我們可以看出來，在盒子中，每單位頻率範圍的強度值，是隨著頻率的平方在變，意思是說，假如我們有一個盒子，不管什麼溫度，盒子出來的光會有許多是屬於 x 射線！

我們當然知道這說法不對。我們打開爐灶去看時，我們的眼睛並沒有遭到 x 射線灼燒。因此以上推論完全錯誤。此外，盒子內的**總能量**，也就是把所有頻率的強度加在一起的總和，應該就是這個無限長的曲線下的總面積（也就是無窮大）。所以，推導過程一定有哪裡在基本上就是大錯特錯。

所以說，古典理論**絲毫無法**正確描述從黑體出來的光的頻率分布情形，就像它沒有辦法正確解釋氣體的比熱一樣。物理學家來來回回從許多不同的觀點反覆推導公式，始終得不到解決。以上**就是**古典物理的預測。(41.13)式稱為**瑞立定律**（Rayleigh's law），是古典物理推導出來的預測，顯然不正確。

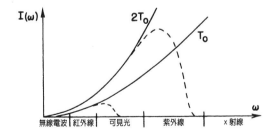

圖41-4　根據古典物理，某兩個溫度下的黑體強度分布（實線）。虛線表示真正的分布。

## 41-3 均分與量子振子

　　上述的困境是古典物理陸陸續續碰到的另一個問題，先是氣體比熱的難題，現在延續到黑體的光分布。

　　當然在做這些理論研究的同時，也有許多**測量**而畫出實際曲線，因而發現，正確的曲線就類似圖 41-4 中的虛線曲線，也就是說，x 射線並不存在。如果我們降低溫度，根據古典理論，本來整個曲線會隨著溫度 $T$ 成比例下降，但是觀察到的曲線很快下降，在某個較低溫度就不再有輻射。古典理論在低頻率一端的曲線是正確的，而在高頻率的一端卻不對。爲什麼？

　　當京士（James Jeans）爵士研究氣體比熱時，他注意到，在溫度降得太低時，高頻率的運動就「凍結」了。這是說，假如溫度太低，或者頻率太高，平均下來振子就**不會具有** $kT$ 的能量。現在回想一下，我們導出(41.13)式的前提是：振子在熱平衡的能量已知。(41.5)式中的 $kT$，在(41.13)式中同樣的 $kT$，兩者都是頻率爲 $\omega$ 的諧振子在溫度 $T$ 下的平均能量。在古典理論中，就是 $kT$，但是跟實驗不符！在溫度太低或是振子的頻率太高的時候，並非如此。

　　因此曲線很快下降的理由，與氣體比熱預測失敗的理由相同。研究黑體曲線要比研究氣體比熱容易得多，後者非常複雜，所以我們集中焦點來決定黑體的眞正曲線，因爲這個曲線能夠正確告訴我們，隨著溫度變化，諧振子在每一個頻率的平均能量實際上是多少。

　　普朗克研究過這個黑體輻射的曲線。他第一步先從經驗值找答案，找到跟觀測曲線非常吻合的函數，得到諧振子平均能量對頻率的函數經驗公式。換句話說，他已有**正確的**公式，並不是 $kT$，然

後他用了非常特別的假設，找一個簡單的推導方法。那個假設就是，**諧振子每次振動只能夠獲得 $\hbar\omega$ 的能量**。過去以爲諧振子可以具有**任何連續性能量**的想法並不成立。當然，這就是古典力學時代即將結束的開端。

以下來推導量子力學最早的正確公式。假設一個諧振子所能夠具有的能階是以 $\hbar\omega_0$ 等間隔分開來，因此，振子只能夠吸收這幾種不同的能量值（見圖 41-5 所示）。普朗克當初的論述比這裡的解說更複雜，因爲那時量子力學剛萌芽，他必須要證明某些東西。但是我們只需接受以下爲事實（而不再重複普朗克的證明）：那就是占據某個能階 $E$ 的機率是 $P(E) = \alpha e^{-E/kT}$。假如我們接受，就可以得到正確的答案。

我們現在有許多個振子，每一個都具有頻率 $\omega_0$。有些振子是在量子態的底層，另外有些則是在較高那一層，以此類推。我們想知道所有這些振子的平均能量。要找出答案，我們就必須先計算出所有振子的總能量，然後除以振子的數目，就會是達到熱平衡時每個振子的平均能量，也是在平衡狀態中黑體輻射的能量，也就應該用來

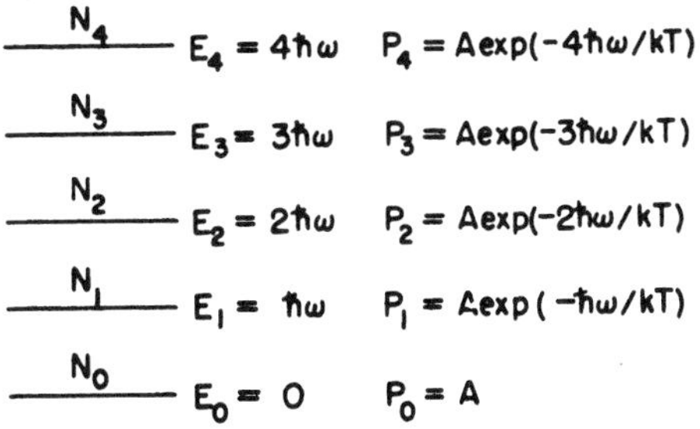

$$
\begin{array}{lll}
\underline{\quad N_4 \quad} & E_4 = 4\hbar\omega & P_4 = A\exp(-4\hbar\omega/kT) \\[6pt]
\underline{\quad N_3 \quad} & E_3 = 3\hbar\omega & P_3 = A\exp(-3\hbar\omega/kT) \\[6pt]
\underline{\quad N_2 \quad} & E_2 = 2\hbar\omega & P_2 = A\exp(-2\hbar\omega/kT) \\[6pt]
\underline{\quad N_1 \quad} & E_1 = \hbar\omega & P_1 = A\exp(-\hbar\omega/kT) \\[6pt]
\underline{\quad N_0 \quad} & E_0 = 0 & P_0 = A
\end{array}
$$

圖 41-5　諧振子的等距離能階：$E_n = n\hbar\omega$。

取代(41.13)式中的 $kT$。所以我們讓 $N_0$ 代表在基態（最低能量態）振子的數目；$N_1$ 是在 $E_1$ 態的振子數目；$N_2$ 是在 $E_2$ 態的數目……等等。根據量子力學的假說（這個我們還沒有證明），把古典力學中的 $e^{-位能/kT}$ 或是 $e^{-動能/kT}$ 機率用 $e^{-\Delta E/kT}$ 來代表，此處的 $\Delta E$ 是過剩能量。我們假設，在第一態的數目 $N_1$，是等於在基態的數目 $N_0$ 乘上 $e^{-\hbar\omega/kT}$。同樣的，$N_2$，在第二態的振子數目是 $N_0 e^{-2\hbar\omega/kT}$。為簡化代數，讓我們稱 $e^{-\hbar\omega/kT} = x$，式子就簡化成 $N_1 = N_0 x$，$N_2 = N_0 x^2$，……，$N_n = N_0 x^n$。

所有振子合起來的總能量必須要先解出來。假如振子是在基態，那麼就沒有能量。如果是在第一態，其能量是 $\hbar\omega_0$，而且有 $N_1$ 個振子。所以 $N_1 \hbar\omega$，或寫成 $\hbar\omega N_0 x$，就是我們從這些振子所得到的能量。那些在第二態的振子具有 $2\hbar\omega_0$ 能量，一共有 $N_2$ 個振子，所以 $N_2 \cdot 2\hbar\omega = 2\hbar\omega N_0 x^2$ 就是我們得到的能量，如此繼續下去。然後我們把它們全部相加在一起，就得到 $E_{總} = N_0 \hbar\omega(0 + x + 2x^2 + 3x^3 + \cdots\cdots)$。

那麼一共有多少個振子？當然，$N_0$ 是在基態的數目，$N_1$ 是第一態的數目，等等，我們把所有的數目加在一起：$N_{總} = N_0(1 + x + x^2 + x^3 + \cdots\cdots)$。因此平均能量是

$$\langle E \rangle = \frac{E_{總}}{N_{總}} = \frac{N_0 \hbar\omega(0 + x + 2x^2 + 3x^3 + \cdots)}{N_0(1 + x + x^2 + \cdots)} \tag{41.14}$$

現在我們就把這兩個總和留在這裡，讓讀者來算一算，做為解悶的遊戲。我們做完加總，並且把 $x$ 代進去，假使在過程中沒有出錯的話，我們會得到

$$\langle E \rangle = \frac{\hbar\omega}{e^{\hbar\omega/kT} - 1} \tag{41.15}$$

　　這就是量子力學史上最早推導出來，也是最早受到討論的公式，是經歷數十年困惑摸索後得到的精采成果。馬克士威當初就知道事情不對勁，但關鍵是，怎樣才**對**呢？(4.15)式提供了一個正確定量的解答，它不是 $kT$。當然，這個式子在 $\omega \to 0$ 或 $T \to \infty$ 時，就會是接近 $kT$ 的值。看看你能否證明這一點，學習一下如何處理數學推導。

　　這個就是京士所要尋找的、著名的截止因數（cutoff factor），假如在(41.13)式中我們用這個取代 $kT$，就可以得到在黑盒子中的光分布

$$I(\omega)\, d\omega = \frac{\hbar\omega^3\, d\omega}{\pi^2 c^2 (e^{\hbar\omega/kT} - 1)} \tag{41.16}$$

我們看出來，對很大的 $\omega$，即使在分子中有 $\omega^3$，但是在分母中有 $e$ 非常高次方的乘冪，所以曲線又會下降，不會上升「爆掉」——不該有紫外線與 x 射線出現的地方，就不會有這類輻射！

　　在諧振子的能階上，我們是用量子力學推導出(41.16)式，而在求解截面 $\sigma_s$ 上，卻用了古典理論，有人可能會對這樣的做法不能認同。但是在光與諧振子的交互作用上，利用量子理論所得到的結果，與由古典理論所求得的結果是完全相同的。事實上，這也就是為什麼我們花了那麼多的時間，運用類似小振子的原子模型，分析折射率與光散射的理由，因為小振子的量子公式實質上相同。

　　現在，我們再回到電阻器中的江生雜音的問題。我們已經說明過，這個雜訊功率的理論，實際上與古典的黑體分布理論是相同的。其實，說來挺有趣的，我們曾經說過，假如在電路中的電阻不是真實的電阻，而是一個天線（天線的作用類似電阻，因為它能夠輻射能量），也就是一個輻射阻力（radiation resistance），對我們來說

比較容易計算功率的多少，就是從四面八方的光照到天線的功率，我們會得到相同的分布，頂多差一到兩個因數。

我們可以假設，電阻器是一個發電機，具有未知的功率譜（power spectrum）$P(\omega)$。這功率譜是由於這個發電機（連接到**任一頻率**的共振電路，就像圖 41-2(b)）在電感上產生如(41.2)式的電壓，如此我們推導出跟(41.10)式同樣的積分，並且用同樣的方法獲得(41.3)式。在低溫時，(41.3)式中的 $kT$，當然必須用(41.15)式來取代。

這兩個理論（黑體輻射和江生雜音），在物理上關係密切，因爲我們可以把共振電路連接到**天線**上，使得電阻 $R$ 成爲一個純**輻射阻力**。因爲(41.2)式與阻力的實際來源無關，我們知道，產生器 $G$ 當作真正電阻或是輻射阻力都是相同的。假如電阻 $R$ 只是一個理想的天線在溫度 $T$ 與四周環境達到平衡，那麼，什麼是功率 $P(\omega)$ 的來源？它的來源是在溫度 $T$ 時，空間的輻射 $I(\omega)$ 衝擊天線，如此天線就好像接到了「訊號」，而變成一個有效發電機。所以我們可以推論出 $P(\omega)$ 和 $I(\omega)$ 直接的關係，從(41.13)式推導到(41.3)式。

以上我們一直在討論的，所謂的江生雜音與普朗克分布，以及布朗運動的正確理論（我們立刻就會討論到），都是在二十世紀的頭十年間發展出來的。對以上觀點和歷史有了瞭解，我們回頭探討布朗運動。

## 41-4 無規行走

我們現在來思考，一個到處碰撞轉向的粒子會如何隨著時間改變，這裡所說的時間，比兩次「轉向」之間間隔長很多。假想一個做布朗運動的小粒子，因爲受到四周不規則碰撞移動的水分子的**轟**

擊（bombardment），以致到處彈來彈去。請問：經過一段時間以後，這個粒子大約會離原來的起點有多遠？愛因斯坦與斯莫盧霍夫斯基（Marian Smoluchowski, 1872-1917，波蘭物理學家）已經找到答案。

如果我們想像，把時間分割成許多小段，譬如說大約是百分之一秒，那麼經過了百分之一秒鐘以後，粒子移動到這裡，下一個百分之一秒，又移動了一些，再下一個百分之一秒，粒子移動到另外的地方，如此繼續下去。以轟擊的速率而言，一百分之一秒是非常長的時間。讀者可以很容易證明出來，單一水分子在一秒鐘內所接受的碰撞數目大約是 $10^{14}$，所以在一百分之一秒鐘內有 $10^{12}$ 次碰撞，實在不少！因此，一百分之一秒鐘以後，粒子不會記得先前發生了什麼。換句話說，這些碰撞全部是**隨機無規的**（random），所以，粒子的這一「步」和前面的「一步」毫無關聯。

這類似著名的酒醉水手問題：一個水手從酒吧出來，走了幾步路，但是他的每一個步伐都朝不同的角度，毫無規律可言（圖41-6）。請問：經過了一段長時間，水手身在何處？我們當然不知道！根本無從知道。我們的意思是，他可能身在隨便任何一個地方。那麼，平均來說，他在哪裡？**從平均值來說，他離開酒吧有多遠？**

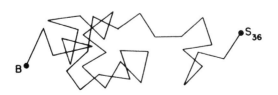

圖 41-6　每步長度 $L$ 的 36 步無規行走。從 $B$ 開始，$S_{36}$ 有多遠？答案是：平均值大約是 $6L$。

　　我們已經回答過這個問題，因爲我們曾經討論過，把來自許多不同的源端，在不同的相位的光疊加，也可以說是把許多不同角度的箭頭相加在一起（見第 32 章）。那一章的討論中，我們發現，從一連串隨意步伐頭到尾的方均距離（mean square distance），也就是光的強度，是分開的各個片段的強度之總和。因此，用同樣的數學推導，我們立刻就可以證明以下論點：假如 $\mathbf{R}_N$ 是從原點走了 $N$ 步的向量距離，那麼從原點的方均距離會與 $N$ 成正比，那就是，$\langle R_N^2 \rangle = NL^2$，此處 $L$ 是每一步的長度。因爲在我們目前的問題中，步數與時間成正比，則**方均距離與時間成正比**：

$$\langle R^2 \rangle = \alpha t \tag{41.17}$$

這並不是說，**平均距離**與時間成正比。假如平均距離眞的與時間成正比的話，豈不表示酒醉水手的遊蕩是在等速前進？**的確**可以看得出水手離酒吧愈來愈遠，但其移動結果是**方**均距離與時間成正比。這就是無規行走（random walk）的特性。

　　我們可以很容易證明，每一個步伐跟上一步之間，平均來說，距離平方會增加 $L^2$。因此，假如我們寫成 $\mathbf{R}_N = \mathbf{R}_{N-1} + \mathbf{L}$，我們就知道 $\mathbf{R}_N^2$ 是

$$\mathbf{R}_N \cdot \mathbf{R}_N = R_N^2 = R_{N-1}^2 + 2\mathbf{R}_{N-1} \cdot \mathbf{L} + L^2$$

把多次試驗平均起來，我們得到 $\langle R_N^2 \rangle = \langle R_{N-1}^2 \rangle + L^2$，因爲 $\langle \mathbf{R}_{N-1} \cdot \mathbf{L} \rangle = 0$。因此歸納出以下，

$$\langle R_N^2 \rangle = NL^2 \tag{41.18}$$

　　現在我們來計算在(41.17)式中的係數 $\alpha$，要這樣做，就必須加進去一個特別項目。我們額外假設，對這個粒子施力（這與布朗

運動無關，我們只是暫時偏離主題一下），那麼粒子就會產生下列
的反應，以對抗這個力。首先它會展現慣性，設 $m$ 是慣性係數，
也就是物質的有效質量（不見得和真實粒子之真實質量相同，因為
如果我們推動粒子的話，周圍的水必須讓開）。因此，假如我們討
論在某個方向上的運動，在公式一邊就有一個類似 $m(d^2x/dt^2)$ 的
項。而其次，我們也要假設，如果我們在物體上施加穩定的拉力，
那麼在流體中必定會有一個力拖住它，這個曳力與速度成正比。除
了流體的慣性，還有一個抗流動的力，這是因為流體有黏性又很複
雜。切記的是，**的確**會有一些不可逆的耗損，像是阻力，因而會有
微小起伏。除非能量有耗損，否則根本就沒有辦法算出所要的 $kT$。
微小起伏的來源和這些耗損有密切的關係。至於這個曳力的機制是
什麼，我們很快就會討論到，我們將要討論與速度成正比的各種
力，以及這些力是從哪裡來。但是此刻我們姑且假設，是有這樣一
個阻力存在。那麼，當我們正以平常的方法拉動某粒子時，有外力
的運動公式是

$$m\,\frac{d^2x}{dt^2} + \mu\,\frac{dx}{dt} = F_{外力} \qquad (41.19)$$

$\mu$ 的量可以直接從實驗測定。例如，我們可以觀察有重力時，液滴
的下降情形。我們就會知道，力是 $mg$，因此 $\mu$ 等於 $mg$ 除以液滴
下降最終所獲得的速率。或者我們可以把液滴放進離心機，看看它
的沉澱有多快，來推算 $\mu$。或是假如液滴帶電，我們可以施加電場
去推測 $\mu$。所以 $\mu$ 是可以測量的東西，而不是人為的，例如對許多
種類的膠體粒子來說，$\mu$ 的值都是已知的。

　　現在我們套用同樣的公式，但是力並非外來，而是布朗運動的
不規則力。我們想要決定這個物體所走的方均距離。與其選取在三

維中的距離，我們只考慮一維，並找出 $x^2$ 的平均值，以備所需。（很明顯的， $x^2$ 的平均值與 $y^2$ 和 $z^2$ 的平均值相同，因此方均距離只是我們要計算出來的值的 3 倍。）這個不規則力的 $x$ 分量當然跟其他分量都一樣不規則。

那麼 $x^2$ 的變化率是什麼？是 $d(x^2)/dt = 2x(dx/dt)$，因此我們所要找的是平均位置乘以速度。我們接下來會證明，這是一個常數，因此方均半徑將隨著時間成正比而增加。我們把 (41.19) 式乘 $x$，$mx(d^2x/dt^2) + \mu x(dx/dt) = xF_x$。我們需要 $x(dx/dt)$ 的時間平均值，因此我們對整個方程式取平均，並研究這三個項。現在來看，把 $x$ 乘上力是什麼？假如粒子已經走了某個距離 $x$，那麼，因為不規則的力**完全**不規則，而且也不知道粒子是從哪裡開始的，下一個衝量可以是沿 $x$ 的任一方向。假如 $x$ 是正值，我們沒有理由認定平均的力也應該在同一個方向。它在某一方向的機率跟在另一方向的機率一樣大。撞擊力並沒有驅使粒子往特定方向行進。所以， $x$ 的平均值乘上力 $F$ 會等於零。另一方面，對於 $mx(d^2x/dt^2)$ 這一項，我們必須稍微賣弄一下，把它寫成

$$mx \frac{d^2x}{dt^2} = m \frac{d[x(dx/dt)]}{dt} - m\left(\frac{dx}{dt}\right)^2$$

所以，我們得計算等式右邊兩項的平均值。讓我們看看， $x$ 乘上速度的值應該是多少。 $x$ 乘速度的積的平均值不會隨著時間而改變，因為當它到達某一個位置時，它已經不記得自己先前在哪裡，所以就不會隨時間改變，因此它的平均值也是零。我們只剩下了 $mv^2$，而且這是我們唯一知道的東西： $mv^2/2$ 的平均值是 $\frac{1}{2}kT$。因此，我們得知

$$\left\langle mx \frac{d^2x}{dt^2} \right\rangle + \mu \left\langle x \frac{dx}{dt} \right\rangle = \langle xF_x \rangle$$

表示

$$-\langle mv^2 \rangle + \frac{\mu}{2} \frac{d}{dt} \langle x^2 \rangle = 0$$

也就是

$$\frac{d\langle x^2 \rangle}{dt} = 2 \frac{kT}{\mu} \tag{41.20}$$

因此，這個物體有一個均方距離 $\langle R^2 \rangle$，在經過一段時間 $t$ 以後，它等於

$$\langle R^2 \rangle = 6kT \frac{t}{\mu} \tag{41.21}$$

所以，我們能夠實際判定這些粒子可以走**多遠**！我們首先必須決定粒子對一個穩定力的反應，即在已知外力的作用下，粒子會漂移得多快（以找出 $\mu$），然後我們就可以決定，在無規行走中，粒子可以走多遠。

　　這個公式有相當的歷史地位，因為它是最早拿來決定常數 $k$ 的幾個方法之一。畢竟，我們可以測量 $\mu$、時間、以及粒子跑了多遠，然後取其平均值。能夠測定 $k$ 的重要性在於，在莫耳 $PV = RT$ 的定律中，我們知道 $R$ 是可以測量出來的，它等於一莫耳原子數乘上 $k$。

　　一莫耳的原來定義是 16 **公克**的氧（如今則是以碳做標準）所包含的原子數目，所以開始時，並不知道一莫耳的**原子**數是多少。

當然，這是非常有趣又重要的問題。原子有多大？一莫耳原子的數目是多少？所以最早測量原子數的方法，就是在顯微鏡下，耐心觀察一顆小灰塵粒子在一定時距內可以移動的距離。

所以，波茲曼常數 $k$ 與亞佛加厥數 $N_0$ 的值之所以能夠決定，就是因為已經量出了 $R$ 的值。

# 第42章

# 分子運動論的應用

# 42-1　蒸　發

在這一章，我們要討論分子運動論的進一步應用。在前面一章中，我們特別強調的是分子運動論的某個特定面向，也就是，某個分子或是其他物體，在任何自由度的平均動能是 $\frac{1}{2}kT$。現在我們將要討論的主要特性，則是在各個地方、單位體積內找到一個粒子的機率隨著 $e^{-位能/kT}$ 而改變；我們也將舉出幾項應用實例。

我們要研究的現象相當複雜；例如液體的蒸發、或是電子從金屬的表面跑出來、或者是化學反應，這些都涉及到大量的原子。在這些情形中，不可能再用分子運動論來推導出任何簡單又正確的說明，因為情況實在是太複雜。所以，除非明確強調其精確性，本章內容可說是非常的不精確。要提醒各位的是，光光從分子運動論的觀點，我們只能**大致**瞭解事情應該是什麼狀況。利用熱力學的論證，或是某些臨界量的經驗測量值，我們就能夠更正確的說明出這些現象。

然而，即使只是大致知道某些事情為什麼會那樣，還是相當有幫助的。所以碰到新的情況，或者是我們未曾分析的情況，我們多少也能預知會發生什麼事情。因此這些討論雖然非常不準確，但在基本觀念上還是正確的，只是在某些具體細節簡化了一些而已，在特別的細節上。

我們要探討的第一個例子，是液體的蒸發。假設我們有一個大容量的盒子，在某一個溫度下，一部分裝了液體，液體與蒸汽達到了平衡。我們假設，蒸汽中各個分子的距離相當遠，而在液體中分子則是緊緊擠在一起。現在的問題是想知道，與液體中的分子數目相比，有多少分子是在蒸汽相。在一指定溫度下，這個蒸汽的密度

多大，以及它如何隨溫度變化？

讓我們來假設， $n$ 等於蒸汽中每單位體積裡的分子數目。這個數目，當然會隨著溫度而改變。假如我們予以加熱，就蒸發得更多。現在用 $1/V_a$ 這個量等於在液體中每單位體積中的原子數目：我們假設，液體中每一個分子占據某體積，所以，假如液體中分子的數目比較多，它們所占的總體積就比較大。所以，如果 $V_a$ 是一個分子所占據的體積，那麼單位體積內的分子數目等於單位體積除以每個分子的體積。

再者，我們假設，分子之間存在著吸引力，把它們維持在液體中。否則我們就沒有辦法瞭解為什麼它會凝結。因此假設，在液體中是有這樣一種力，而且有一種能量把分子綁在一起，當分子跑到蒸汽中時就失去了這種能量。換言之，我們要假設，為了要把一個分子單獨從液體中拿出來放進蒸汽中，必須做某種量的功 $W$。液體中分子的能量與蒸汽中分子能量的差值是 $W$，因為我們首先要把這個分子從吸引它的分子之間拉走。

現在我們應用一般的原理，就是在兩個不同區域中，每單位體積的原子數目是 $n_2/n_1 = e^{-(E_2-E_1)/kT}$。所以，蒸汽中每單位體積的數目 $n$，除以液體中每單位體積的數目 $1/V_a$，等於

$$nV_a = e^{-W/kT} \qquad (42.1)$$

因為這是一般的規則。就像是大氣在重力下的平衡，低處的氣體比在高處的稠密，因為把分子舉起到某個高度 $h$，需要施功 $mgh$。液體中的分子密度比在蒸汽中大，因為我們需要把分子拉過能量「山丘」 $W$，它們的密度比是 $e^{-W/kT}$。

這個就是我們要導出來的結果 —— 蒸汽密度隨 $e$ 的負乘冪變化，其指數是某個負能量（或其他量）除以 $kT$。我們對於在分子

密度前面的因子則不感興趣,因為在大部分的情況中,蒸汽的密度都比液體的密度小。只有在接近臨界點的情況時,兩者的密度才幾乎相同。除此以外,蒸汽的密度都比液體的密度要低許多,而實際上,$n$ 比 $1/V_a$ 小很多,是由於 $W$ 比 $kT$ 大很多的緣故。所以類似 (42.1)式的公式只有在 $W$ 比 $kT$ 大很多的時候才有意義,因為在那些情況下,$e$ 的乘冪是巨大的負值,如果我們稍微改變溫度 $T$,那個巨大的乘冪也跟著稍微改變,指數因子所造成的改變,比任何在分子密度前方的因子的改變要重要得多。

為什麼 $V_a$ 這一類的因子會有所改變呢?因為我們做的是一種近似的分析。畢竟每個分子並沒有真正固定的體積;溫度改變時,體積 $V_a$ 不會維持固定,液體會隨溫度脹縮。還有許多類似這樣的特點,因此真正的情況相當複雜。整個系統充滿了隨著溫度慢慢改變的因子。事實上,我們甚至可以說,即使是 $W$ 的本身也會隨著溫度稍微改變,因為在較高的溫度,分子體積不同,就會有不同的平均吸引力,等等。

所以,雖然我們可以自認有一個公式,其中每樣東西都以未知的方法隨溫度改變,那麼就等於沒有公式;只要我們體認到,指數 $W/kT$ 的值一般來說非常大,我們在蒸汽密度隨溫度改變的曲線看出來,大部分的改變是跟著指數因子在改變;而且如果我們假設 $W$ 是一個常數,並且 $1/V_a$ 係數也接近於固定值,則沿著曲線上的每段短間隔內,以上論述是一個非常好的近似。換句話說,大部分的變化都是 $e^{-W/kT}$ 的一般性質所造成的。

我們發現,自然界中有許多、許多的現象,它們共同的性質是必須從別的地方借來能量,而且這些現象隨著溫度變化的主要特徵是,隨著 $e$ 的負能量除以 $kT$ 的次方在改變。但是這只有在能量比 $kT$ 大很多的情況下才有用,所以大部分的現象改變是由於 $kT$ 的變

動,而不是常數和其他因子的變動。

探討蒸發現象,現在讓我們來考慮另一種方法,可獲得類似結果,只是看得更仔細。在推導(42.1)式時,我們只是應用了在平衡狀態成立的某個規則,但是爲了更進一步瞭解,我們不妨更仔細的研究其細節。我們也可以說明如下:蒸汽中的分子不停碰撞液體的表面,撞到時可能會彈回去或是留在那裡。其概率目前不知,可能是 50 對 50,也可能是 10 對 90,我們不知道。讓我們姑且先假設,它們一定會留在液體中(我們等一下再回來分析,它們不一定留在液體中的假設)。那麼在某個特定的刹那,會有某些數量的原子凝結在液體的表面。凝結的分子數目,也就是到達單位面積的數目,等於每單位體積的數目 $n$ 乘上速度 $v$。分子的速度與溫度有關,因爲我們知道 $\frac{1}{2}mv^2$ 平均等於 $\frac{3}{2}kT$。所以,$v$ 是某種平均速度。當然,我們應該對所有角度積分,以得到平均值,凝結的分子數目大致與方均根速度成正比,只差某個倍數。因此

$$N_c = nv \tag{42.2}$$

是每單位面積上凝結的分子數目。

然而與此同時,液體中的原子到處來回彈動,其中會有分子三不五時被踢出去。現在我們必須估計一下,分子過多久就被踢出去。關鍵在於,平衡狀態下,每秒鐘被踢出去的分子數目與每秒鐘到達液體留下來的分子數目相等。

到底有多少分子被踢出去?能夠被踢出去的條件是,某個特定分子必須意外得到比鄰居分子更多的能量——超出的能量要很可觀才行,因爲在液體中,每個分子原本被其他的分子緊緊拉住。通常分子跑不掉的,因爲彼此強烈吸引,但是在碰撞中,偶爾其中的一個分子會意外得到額外的能量。而能夠獲得額外能量 $W$ 的機會,

在我們的例子裡非常的小，假如 $W \gg kT$ 的話。事實上，一個原子獲得比 $W$ 還多的能量的機會，就是 $e^{-W/kT}$。這是分子運動論的一般原理：要取得超過平均能量的額外能量 $W$，其機會是 $e$ 的負這個能量除以 $kT$ 次方。

現在我們假設，某些分子得到了這個能量，我們就需要估計一下每秒鐘有多少原子離開液體表面。當然，一個分子光是獲得了所需的能量，並不意味著它真的就蒸發掉，因為這分子可能是埋在液體的深處，即使它靠近液體表面，也可能跑錯方向。每秒鐘從單位面積離開表面的分子數目會是像這樣：靠近表面的每單位面積的原子數目，除以逸逃所需要的時間，乘上它們已經準備好要離開的機率 $e^{-W/kT}$，準備好的意思是指分子已經有了足夠的能量。

我們接下來假設，在液體表面上的每一個分子占據某一截面積 $A$。那麼，液體表面每單位面積的分子數目將是 $1/A$。現在想知道，一個分子逃走需要多少時間？假如分子具有某一平均速率 $v$，而且必須移動一段距離，相當於一個分子的直徑 $D$，也就是第一層分子的厚度。假如分子能量足夠，那麼穿過第一層厚度所需要的時間，就是分子逸逃所需要的時間，就是 $D/v$。因此蒸發的分子數目，大約應該是

$$N_e = (1/A)(v/D)e^{-W/kT} \tag{42.3}$$

每一個原子的面積乘上一層分子的厚度，幾乎等於一個單獨原子所占據的體積 $V_a$。因此，為了達到平衡，我們必須要讓 $N_c = N_e$，也就是

$$nv = (v/V_a)e^{-W/kT} \tag{42.4}$$

我們可以消掉 $v$，因為它們相等；雖其中的一個 $v$ 是已在蒸汽中的

分子的速度，而另一個 $v$ 是正要蒸發的分子的速度，但它們是相同的，因爲我們知道它們的平均動能（在某個方向）是 $\frac{1}{2}kT$。但是，可能有人會反對說：「不對！不對！這些是移動得特別快的分子；就是獲得額外能量的那一些分子。」其實不然，因爲分子從液體抽離那一瞬間，爲了要對抗位能，就已經**失去**那份額外能量。因此，它們到達液體表面上時，速度已減爲 $v$！這和我們討論分子速度在大氣的分布情形一樣——在地面附近，眾多分子的能量呈現某種分布。那些到達高處的分子，具有**同樣的**能量分布，因爲速度慢的那些分子根本就沒有機會到達上面，而速度快的分子到了上面也會慢下來。正在蒸發的分子與留在液體中的分子具有同樣的能量分布，這件事實在值得重視。總而言之，我們的公式不值得過度計較細節，因爲還有其他不精確的地方，例如分子反彈回來沒有進入液體的機率，等等。因此我們對蒸發與凝結的速率只能有大略的概念。當然，我們也可以看出來，蒸汽密度 $n$ 的變化跟先前所知道的一樣，但是現在我們更深入瞭解細節，它不是說不出道理的公式。

　　這更深一步的理解，容許我們分析某些東西。例如，假設我們可快速抽蒸汽，只要蒸汽一形成，就馬上把它抽走（假使我們的抽氣機效率非常好，而且液體蒸發得非常慢），如果我們保持液體的溫度爲 $T$，那麼蒸發可以多快？假設我們已經由實驗測得了平衡狀態下的蒸汽密度，所以我們知道，在某指定溫度下，每單位體積中有多少分子是和液體達到了平衡狀態。現在，我們想知道蒸發可以**多快**。雖然到目前爲止，對於蒸發的部分而言，我們只是應用粗略的分析，**到達**液體表面的蒸汽分子數目的計算還算差強人意，只差反射係數這個因子還不知道。所以，我們可以利用在平衡狀態，離去的分子數目等於到達的分子數這事實來分析。沒錯，我們不斷把蒸汽抽掉，因此分子只有一直從液體出來；假設不去碰蒸汽，它就

會達到平衡密度，也就是回去液體的數目跟蒸發出來的數目相同。因此我們很容易知道，如同蒸汽一直都在的情況（雖然事實上我們不斷抽蒸汽），每秒鐘從表面上出來的分子數目，等於未知的反射係數 $R$ 乘上每秒鐘到達表面的分子數目，因為那就是達到平衡狀態時可以抵消蒸發的分子數目：

$$N_e = nvR = (vR/V_a)e^{-W/kT} \tag{42.5}$$

當然，來自蒸汽中去撞擊液體的分子數目比較容易計算，因為不需要操心各種力，然而探討從液體表面逸逃的分子數目就必須知道力的大小。從另一端（蒸汽）來探討比較容易。

## 42-2　熱離子發射

　　現在我們舉另一個與液體蒸發類似且非常實用的例子，由於它們非常類似，就不需要再另外分析了。這基本上是同樣的問題。在老式收音機的真空管中，有一個電子源，也就是一根加熱的鎢絲，與一個用來吸收電子的帶正電板子。任何從鎢絲表面跑掉的電子，立刻就被吸到板子上去。這就是我們理想的「電子泵浦」，它一直不停把電子抽走。

　　現在的問題是：每秒鐘可以從一條鎢絲得到多少電子，以及這個數目如何隨著溫度而改變？這個問題的答案，同樣是(42.5)式，因為在金屬中，電子受金屬的離子，或是原子的吸引。簡略的說，電子被金屬吸引。如果想要把一個電子從金屬拉出來，需要某個量的能量，也就是一些功，才能把電子拉出來。這種功的大小，隨金屬種類而異，事實上，甚至隨著同一種金屬的各種表面性質而異。但是總功可能只是幾個電子伏特，剛好是化學反應的典型能量大

小。後者這件事實很好記憶，只要記住，化學電池的電壓，好比手電筒電池由化學反應所產生的電壓，大約是 1 伏特。

我們怎樣得知每秒鐘有多少電子跑出來呢？分析電子釋放的效應相當困難；反向分析這個情況比較容易些。我們可以先想像電子並沒有被拉走，而且電子就類似氣體，又能夠回到金屬裡。那麼在平衡狀態時，會具有某個電子密度，當然，恰好和由(42.1)式所得出來的一樣，此處的 $V_a$ 大約是金屬中每一個電子的體積，並且 $W$ 等於 $q_e\phi$，而這裡的 $\phi$ 稱為**功函數**，也就是能夠把一個電子從表面拉走所需的電壓。從這我們就可以知道，要有多少電子必須在周圍的空間、且碰撞金屬，才能夠和跑出來的電子達到平衡。因此，假如我們把跑出的電子全部掃掉，會比較容易計算有多少電子跑出來，因為出來的電子數目剛好等於進入電子「蒸汽」的數目，這團電子蒸汽的密度如上所述。換句話說，答案是，每單位面積進來的電流，等於電子的電荷乘上每秒鐘每單位面積到達的數目，也等於每單位體積的數目乘上速度，先前已看過多次：

$$I = q_e n v = (q_e v / V_a) e^{-q_e \phi / kT} \tag{42.6}$$

一個電子伏特相當於溫度 11,600 度時的 $kT$。真空管中的燈絲其操作溫度大約是 1,100 度，所以指數因子大約是 $e^{-10}$；溫度稍微改變時，指數因子就會改變很多。因此，再一次看到，這個公式的主角又是 $e^{-q_e \phi / kT}$。事實上，公式前面的因子是錯的 —— 古典理論沒有辦法正確描述金屬中電子的行為，量子力學也只對前面的因子做少許的修改而已。實際情況是，即使有許多人把高等量子力學應用到計算中，從來沒有人能夠把它表達得非常正確。最大的問題在於，$W$ 會不會隨著溫度有少許的改變？如果會，我們無法區分，到底是因為 $W$ 隨溫度慢慢變化，還是因為前面係數不同。就是說，假如 $W$ 隨

溫度有線性變化，所以 $W = W_0 + \alpha kT$，那麼我們應該得到

$$e^{-W/kT} = e^{-(W_0 + \alpha kT)/kT} = e^{-\alpha}e^{-W_0/kT}$$

因此，隨溫度做線性變化的 $W$ 相當於「常數」乘一個倍數。想要正確找到前面的係數，實在非常困難，而且通常徒勞無功。

## 42-3 熱電離

　　承襲以上觀念，我們來看看另外一個例子；觀念都是相同的。這個例子是電離現象。假設在某團氣體中，我們有許多原子，它們全在中性狀態，但是當氣體變熱時，原子會游離。我們想知道在某個指定情況下，例如某一個溫度、某一種單位體積的原子密度下，會有多少離子。我們再度考慮一個盒子中有 $N$ 個原子可以抓住電子的情況。（假如一個電子從原子上跑掉，這種原子就稱為**離子**，如果原子是中性的，我們就只叫它原子。）那麼假設，在任何一個指定時刻，每單位體積裡面的中性原子的數目是 $n_a$，離子的數目是 $n_i$，電子的數目是 $n_e$。問題是：這三個數目的關係是什麼？

　　首先，對這些數目，我們有兩個條件，也就是限制。例如，當我們改變條件，像是溫度等等，$n_a + n_i$ 應該保持為常數，因為這數目就是在盒子中原子核的數目 $N$。假如我們保持每單位體積中原子核的數目固定，而來改變，比方說，溫度，那麼在游離的過程中，某些原子會變成離子，但是原子加上離子的總數將不會改變。也就是說，$n_a + n_i = N$。另外一種情況是，假如整團氣體都是電中性（而且，如果我們忽略雙重游離或三重游離），表示不管什麼時候，離子的數目等於電子的數目，也就是 $n_a = n_e$。這些都是附屬的方程式，僅只是表達電荷守恆或是原子守恆。

　　以上這些方程式都成立，當我們探討實際的問題時，遲早都會用到它們。但是我們想在這些量之間找出另外一個關係。我們可以用下列的方法求得。我們再次應用同一個概念，就是把電子從原子中拉出來，需要某個量的能量，我們稱這為**游離能**，為了要讓所有的公式看起來相同，我們用 $W$ 來表示。所以，我們讓 $W$ 等於把一個電子從一個原子上拉出來，產生一個離子所需要的能量。現在，我們再次主張，「蒸汽」中每單位體積裡的自由電子數目，等於每單位體積原子中被束縛的電子數目，乘上 $e$ 的負能量差（被束縛的電子與自由電子之間的差）除以 $kT$ 的次方。又看到同樣的基本方程式。

　　我們要怎樣把它寫出來？每單位體積中的自由電子數當然還是 $n_e$，因為這是 $n_e$ 的定義。現在，每單位體積中被束縛住的電子數目是什麼呢？電子可以來去的地方之總數顯然應該是 $n_a + n_i$，而且我們假設當電子互相束縛在一起時，每一個電子是在一個體積 $V_a$ 裡面。所以被束縛的電子能夠占據的總體積是 $(n_a + n_i)V_a$，因此我們可以把公式寫成如下：

$$n_e = \frac{n_a}{(n_a + n_i)V_a} e^{-W/kT}$$

然而，這個公式是錯的，錯在一個很重要的地方，理由如下：當一個電子已經在某個原子上，另外一個電子就不能夠再進入那個體積中！換句話說，當電子還在決定要不要留在蒸汽中，還是進入凝態（原子中）的時候，並非所有的位置的那些空間都可以去。這是因為本問題有一個額外的特性，就是電子不可以去已經有電子占住的位置，否則就會被排斥出去！為了這個原因，結果是，我們必須只考慮那些能夠讓電子進去的部分。也就是說，已經被占據的位置，

不能夠算進電子可以進入的總體積中，而是只有那些可以讓電子進入的空位子，也就是**離子**的體積才算數。在這些情況下，我們的公式可以改進寫成

$$\frac{n_e n_i}{n_a} = \frac{1}{V_a} e^{-W/kT} \tag{42.7}$$

這個公式稱為**薩哈游離方程式**（Saha ionization equation）。現在讓我們來看看透過運動學（kinetics）的探討，我們是否能夠用定性的敘述來理解，為什麼像這樣的公式是對的。

　　首先，一個電子偶爾會接近一個離子，然後結合成為一個原子。同時，有些時候一個原子經過碰撞分解成為一個離子與一個電子。這兩個的速率必須相等。電子與離子多快可以找到對方？如果每單位體積中的電子數目增加的話，速率當然就會加快。當然，如果每單位體積中的離子數目增加，速率也會增加。也就是說，電子和離子重新結合的總速率會與電子數目乘上離子數目成正比。因此，碰撞所造成的總游離速率，必須和可游離的原子數目成線性比例。所以，當 $n_e n_i$ 這個乘積和原子數 $n_a$ 之間達成某種關係時，速率就會達到平衡。事實上，這個關係就是從以上這個公式中得到的，$W$ 是游離能。這一點當然有所幫助，但是我們很容易可以理解到，這個公式用電子、離子與原子的濃度，以 $n_e n_i / n_a$ 這個組合，必然可得到某個獨立於所有 $n$ 的常數，而這常數只隨著溫度、原子截面以及其他的常數因子而改變。

　　我們可能也注意到，因為方程式涉及到**每單位體積**中的數目，在原子加離子的數目為特定總數 $N$，就是原子核是固定數目的情況下，我們用不同體積的盒子來做兩個實驗，在較大盒子中，這些 $n$ 就都會較小。然而因為 $n_e n_i / n_a$ 的比率必須保持不變，那麼較大盒

子中的電子與離子的總數就必須較大。要證實這件事，我們假設，在體積為 $V$ 的盒子中有 $N$ 個原子核，其中是游離的比例是 $f$。那麼，$n_e = fN/V = n_i$，以及 $n_a = (1 - f)N/V$。因此，我們的方程式就變成

$$\frac{f^2}{1 - f}\frac{N}{V} = \frac{e^{-W/kT}}{V_a} \tag{42.8}$$

換言之，假如我們選的原子密度愈來愈小，或是讓容器的體積愈來愈大，電子與離子所占的比例 $f$ 就必須增加。當密度減小，游離就會增加，這就是為什麼我們相信，在非常低的密度，例如在星球之間的寒冷太空中，可能有離子存在，縱然我們不能從可用能量來瞭解。雖然可能需要許多、許多倍的 $kT$ 能量，才能夠達到游離的目的，但是離子的確存在。

為什麼當周圍的空間很大的時候，會有離子存在，而當密度增加時，離子就要消失？**答案如下**：考慮一個原子的情形。每隔一陣子，光，或是另外的原子，或是某個離子，或是其他任何維持熱平衡的東西，撞上這個原子。但是，因為需要大量的額外能量，一個電子跑掉、留下一個離子的情況很稀罕。而這個電子，如果是在極大的空間，它晃來晃去好多年，可能都不會碰到任何東西。但是極偶然間，它可能會回到離子的附近，與之結合後，又變出一個原子。所以，電子從一個原子出來的速率是非常的緩慢。可是如果體積非常、非常大，一個逃脫的電子要花很長的一段時間，才能夠遇到另外一個離子與之結合成為原子，這樣再結合的機率也是非常、非常低；因此，縱使需要很大的額外能量（把電子從原子中拉出來），還是有相當數量的電子存在。

## 42-4　化學分子運動學

我們所謂的「游離現象」的情況，同樣也發生在化學反應之中。例如，假使 $A$ 與 $B$ 兩個物體結合成一個化合物 $AB$，我們比較一下，$AB$ 看起來就像是我們所稱的原子，$B$ 是我們所稱的電子，而 $A$ 就是離子。粒子經過代換平衡方程式的形式完全相同：

$$\frac{n_A n_B}{n_{AB}} = ce^{-W/kT} \tag{42.9}$$

當然，這個公式並不完全精確，因爲「常數」$c$ 的值要看 $A$ 與 $B$ 能進行結合的空間體積有多大，但是根據熱力學的論證，我們可以辨識出指數因子中 $W$ 的意義，它非常接近反應所需的能量。

把這個公式當作是一種碰撞的結果來理解，去探討每單位時間中有多少電子跑出來，又有多少跑回去，就像我們先前所瞭解的蒸發公式一樣。假設 $A$ 與 $B$ 有時因爲碰撞結合而形成化合物 $AB$。同時又假設，這個化合物是一個複雜的分子，它跑來跑去而被別的分子撞到，它不時獲得了足夠的能量而裂開，又分開成 $A$ 與 $B$。

在眞正的化學反應中，假如原子攜帶的能量不足，即使雙方碰到了，即使 $A + B \rightarrow AB$ 的反應會釋放出能量，光是 $A$ 與 $B$ 互相接觸，不一定會發生反應，通常需要很激烈的碰撞。實際上，要想 $A$ 與 $B$ 之間發生反應，若只有 $A$ 與 $B$ 彼此「輕輕」的碰撞，可能沒有辦法引起反應，即使過程中釋放能量。所以，現在讓我們來假設通常化學反應要發生，要使得 $A$ 與 $B$ 化合成爲 $AB$，不能夠只是彼此對撞，碰撞時還要**攜帶足夠的能量**。這個能量就稱爲是**活化能**（activation energy）──「活化」反應所需的能量。

我們用 $A^*$ 來代表活化能，也就是爲了讓反應眞的發生，在碰

撞中所需的超額能量。$R_f$ 代表在 $A$ 與 $B$ 反應產生 $AB$ 的反應速率，等於 $A$ 的原子數乘上 $B$ 的原子數，乘上一個單獨原子撞擊某一個截面 $\sigma_{AB}$ 的速率，再乘上一個因子 $e^{-A*/kT}$，而此因子是它們具有足夠能量的機率：

$$R_f = n_A n_B v \sigma_{AB} e^{-A*/kT} \tag{42.10}$$

現在，我們必須找出相反的反應速率 $R_r$。因為 $AB$ 會有某些機會再度分開。想要把 $AB$ 分開，不但要有僅僅把 $AB$ 分開所需的能量 $W$，還要有額外能量，這就像要把 $A$ 與 $B$ 結合在一起一樣，彷彿存在著一個山丘，$A$ 與 $B$ 都必須要先爬過去才能夠再分開；它們不但需要足夠的能量，以準備好要彼此拉開，並且還要有額外的能量。這就像進去的時候要先爬上一個山丘，才能夠下到深谷；回程必須從深谷先向上爬到山頭，才能出來，就像圖 42-1 所畫的一樣。

因此從 $AB$ 回到 $A$ 與 $B$ 的反應率，與存在的目前 $AB$ 的數目 $n_{AB}$ 成正比，然後再乘上 $e^{-(W+A*)/kT}$：

$$R_r = c' n_{AB} e^{-(W+A*)/kT} \tag{42.11}$$

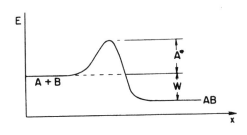

圖 42-1 $A + B \rightarrow AB$ 化學反應的能量關係

$c'$ 包含了原子總體積與碰撞率，這個我們可以用先前討論蒸發的方法，用面積、時間與厚度計算出來；但是我們暫時不去管它。我們的主要興趣在於，當這兩個速率相等，也就是它們的比率等於 1 的情況。像以前一樣，這告訴我們 $n_A n_B / n_{AB} = c e^{-W/kT}$，這裡的 $c$ 涉及到截面、速度以及其他獨立於這些 $n$ 的因數。

有趣的是，反應率也隨著 $e^{-常數/kT}$ 而改變，雖然這個常數與影響濃度的常數不同，活化能 $A*$ 也與能量 $W$ 完全不同。**在平衡狀態時，$W$ 控制了 $A$、$B$ 與 $AB$ 的比例**，但如果我們只是想知道從 $A + B$ 到 $AB$ 有多快，這就與平衡沒有關係，是別的能量，**活化能**，經由指數因子來控制反應的速率。

此外，$A*$ 並非 $W$ 那樣的基本常數。假設 $A$ 與 $B$ 可以暫時黏在牆壁的表面上，或是其他地方，使它們更容易結合。換句話說，我們可能找到一個隧道通過山丘，或者是經由某較低的山頭，就比較容易反應。根據能量守恆原理，當我們完成了這一切步驟以後，仍然是從 $A$ 與 $B$ 製造出 $AB$，因此能量差 $W$ 會與反應發生的方法無關，但活化能 $A*$ 卻是與反應的方法**極度**相關。這就是為什麼化學反應的速率對外界環境非常敏感的原因。

我們可以把反應物質放在別種的表面上，來改變反應的速率，我們也可以讓反應在一個「不同的桶子」裡進行，它的速率就會改變，如果反應與表面的性質有關的話。或者我們可以把第三種物質放進去，它可能可以大幅改變反應率；某些東西能夠稍微改變 $A*$ 就可以使反應率產生巨大的變化，這些東西稱為**催化劑**。某些反應在某個指定的溫度下根本不會發生，因為 $A*$ 的值太大，但是當我們放進一些這種特別的物質，即催化劑，這個反應很快完成，這是因為 $A*$ 變小了。

順便提一下，這種 $A$ 加 $B$ 產生 $AB$ 的反應無法自圓其說，因為

當我們把兩個東西放在一起,使它們產生一個更穩定的東西時,無法讓能量與動量同時守恆。所以,我們至少需要加入第三個東西 $C$,因此實際的反應更加複雜。正向反應的反應率將牽涉到 $n_A n_B n_C$ 這個乘積,看起來我們先前的公式似乎不對,但是它沒有錯!當我們去看 $AB$ 逆向進行的反應率時,我們會發現它也需要和 $C$ 碰撞,因此逆向的反應率也有一個 $n_{AB} n_C$ 存在;在濃度平衡公式中,這些 $n_C$ 會互相抵消掉。我們最初寫下來的平衡定律,即(42.9)式,保證絕對正確,跟反應的機制無關!

## 42-5 愛因斯坦輻射定律

現在我們來看另外一個與黑體輻射定律有關,頗具趣味的類似情況。在上一章,我們探討一個振子的輻射,用普朗克的方法算出一個腔中的輻射分布定律。這個振子必須要具有某個平均能量,而且因為它在振動,它會發出輻射,持續把輻射能注入腔中,直到積存了足夠的輻射量,使得吸收與發射達到平衡為止。我們就是那樣找到了在頻率 $\omega$ 的輻射強度,如下面的公式:

$$I(\omega)\,d\omega = \frac{\hbar\omega^3 d\omega}{\pi^2 c^2 (e^{\hbar\omega/kT} - 1)} \tag{42.12}$$

這個結果用到以下的假設:產生輻射的振子具有等間距的固定能階。我們在上一章沒有說,光必須是一個光子或是類似的東西。我們那時也沒有討論到,原子從一個能階到另外一個能階,能量怎樣以光的形式,必須用一個單位能量 $\hbar\omega$ 輻射出去。普朗克原來的想法是,物質是量子化,而光不是:物質振子並非任何的能量都能接收,而是必須以包裹的方式獲得。

此外,推導公式的困難出於部分觀念屬於古典物理。我們根據

古典物理來計算一個振子的輻射率；然後我們回頭說：「不對吧，這個振子有許多能階。」科學家著手尋找正確的結果，也就是完全合乎量子力學的結果，整個過程發展得很慢，終於在 1927 年達成。

但是在同一時期，愛因斯坦又試著把普朗克的觀念（只有物質的振子可以量子化）轉成光子的觀念：光實際上是光子，在某些方面可以當作是帶能量 $\hbar\omega$ 的粒子。此外，波耳（Niels Bohr, 1885-1962）也曾經指出，**任何**原子系統都具有能階，但是不一定像普朗克的振子那樣，必須具有相等間隔的能階。因此必須重新再推導輻射原理，至少從一個比較完整的量子力學的觀點來重新討論輻射原理。

愛因斯坦假設，普朗克的最後公式是正確的，而且他用這個公式得到一些從前所不知道的，有關輻射與物質之間交互作用的新知識。他的論證如下：考慮一個原子的許多能階中的任何兩個能階，比方說第 $m$ 階與第 $n$ 階（見圖 42-2 所示）。愛因斯坦主張，這樣一個原子受正確頻率的光照射時，它可以從光中吸收光子，然後從第 $n$ 態轉換到第 $m$ 態，而且每秒鐘發生這種情形的機率當然跟這兩能階有關，但是這機率**與照射原子的光的強度成正比**。讓我們稱這個比例常數是 $B_{mn}$，這只是提醒我們，它不是自然界的普適常數，而

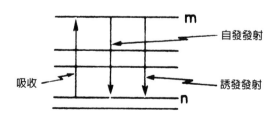

圖 42-2　某個原子內兩個能階之間的躍遷。

是會隨著這一組特定能階對（pair）而有所不同：某些能階對非常容易受激發，有些能階對則比較不容易受到激發。

那麼，從 $m$ 到 $n$ 的發射率的公式是什麼？愛因斯坦主張，裡面應該有兩個部分。首先，即使沒有光的存在，也存在某些機會使一個原子從激發態落到較低能態，同時發射出一個光子；我們稱這種情況為**自發發射**（spontaneous emission）。這個觀念就如同，振子帶有某種能量，但無法保住這能量，早晚會透過輻射放掉；即使在古典物理也是如此。因此，自發輻射在古典系統中的比喻就是，原子若處於激發態，就會有個機率 $A_{mn}$ 從 $m$ 階落到 $n$ 階（機率大小還是跟能階對有關），而且不管光有沒有照射原子，都是這個機率。但是愛因斯坦在比較了古典理論，並參考其他論證後，更進一步下結論說，光的存在也會影響發射——當光以正確的頻率照射到某個原子，原子發射光子的發射率會增加，而增加的量與光的強度成正比，其比例常數是 $B_{mn}$。如果我們能夠計算出這個常數等於零的話，那麼我們就可以證明愛因斯坦錯了。當然，我們將會發現，他是對的。

愛因斯坦當初假設有三種能量變動途徑：與光強度成正比的吸收；和光強度成正比的發射，稱為**誘發發射**（induced emission），有時叫做**受激發射**（stimulated emission）；以及與光無關的自發發射。

現在假設，在溫度 $T$ 下的平衡狀態，我們有 $N_n$ 個原子在 $n$ 態，另外有 $N_m$ 個原子在 $m$ 態。那麼從 $n$ 到 $m$ 的總原子數，等於在 $n$ 態的原子數目乘上每秒鐘一個 $n$ 態原子躍升到 $m$ 態的變化率。所以我們得到每秒鐘從 $n$ 到 $m$ 的原子數目的公式：

$$R_{n \to m} = N_n B_{nm} I(\omega) \qquad (42.13)$$

從 $m$ 到 $n$ 的原子數目可以用同樣的方式來表示，也就是在 $m$ 態的

原子數目 $N_m$，乘上一個原子每秒鐘落到 $n$ 態的機會。這次我們的
式子是

$$R_{m \to n} = N_m[A_{mn} + B_{mn}I(\omega)] \qquad (42.14)$$

現在我們假設，在熱平衡的狀態下，躍升的原子數目必須等於落下
的原子數目。要維持各個能階的原子數不變，起碼有這個方法。★
因此我們認為，在平衡時這兩個變化率相等。但是我們還有另外一
項資訊：我們知道 $N_m$ 比 $N_n$ 大多少倍；兩者的比是 $e^{-(E_m - E_n)/kT}$。愛
因斯坦假設，唯一能夠促成從 $n$ 到 $m$ 有效躍遷的光，其頻率必須
相當於能量差，所以，我們所有的公式之中都用 $E_m - E_n = \hbar\omega$ 替
換。因此

$$N_m = N_n e^{-\hbar\omega/kT} \qquad (42.15)$$

假如令這兩個變化率相等：$N_n B_{nm} I(\omega) = N_m[A_{mn} + B_{mn}I(\omega)]$，
並且除以 $N_m$，我們得到

$$B_{nm}I(\omega)e^{\hbar\omega/kT} = A_{mn} + B_{mn}I(\omega) \qquad (42.16)$$

從這個方程式，我們可以計算出 $I(\omega)$：

$$I(\omega) = \frac{A_{mn}}{B_{nm}e^{\hbar\omega/kT} - B_{mn}} \qquad (42.17)$$

★原注：要達到各能階中的原子數目保持不變，這並非唯一的
方法，但是這個方法的確有用。在熱平衡中，每一個能量變
動途徑都必須和它的反向途徑達到平衡，這就稱為**細緻平衡
原理**（principle of detailed balancing）。

但是普朗克已經告訴我們，這個公式必定就是(42.12)。因此我們可以推算出一些東西：首先，$B_{nm}$ 必定等於 $B_{mn}$，否則我們就不能夠得到（$e^{\hbar\omega/kT}-1$）。所以，愛因斯坦找到了以前不知道應該怎樣計算的一些東西，也就是**誘發發射的機率與吸收的機率必須相等**。這實在很有趣。除此之外，要想讓方程式(42.17)和(42.12)相符，

$$A_{mn}/B_{mn} \quad 必須是 \quad \hbar\omega^3/\pi^2c^2 \tag{42.18}$$

因此，假如我們知道，某一特定能階的吸收率，我們就可以算出自發發射率與誘發發射率，或是它們的任何組合。

用以上的推演，愛因斯坦或是任何人都一樣，走到這裡就碰到瓶頸，走不下去。要真正算出原子中某待定躍遷的自發發射率或其他速率的絕對值，當然需要對原子內部運作有所瞭解，這套學問叫做量子電動力學，要再等十一年才發現。以上這項工作愛因斯坦完成於 1916 年。

誘發發射的可能性，今天已經有若干有趣用途。如果有光存在，就容易激發向下躍遷。假如某些原子原先在較高能態的話，那麼躍遷時所放出的光子就會把它的 $\hbar\omega$ 加進已有的光能量中。現在我們用某非熱學的安排，讓某團氣體其中處於 $m$ 態的原子數目，比處於 $n$ 態的數目大許多。這個情況離平衡狀態很遠，所以不能用平衡狀態的公式 $e^{-\hbar\omega/kT}$。我們甚至可以安排在較高能態的數目非常大，而在較低能態的數目幾乎接近於零。那麼此時，頻率相當於能量差 $E_m - E_n$ 的光就不會被強烈吸收，因為在 $n$ 態能夠吸收這個光的原子數目太少。這個頻率的光存在時，會引起原子從較高能態發射！所以，如果我們在較高能態有許多原子，就會產生某種連鎖反應，一旦有原子開始發射，就引起更多的原子跟著發射，而且大量傾巢而出。這就是所謂的**雷射**（laser），在遠紅外線的情況下，就

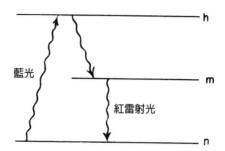

圖 42-3 把原子（例如用藍光）激發到更高的能態 $h$，它們各發射一個
光子來到 $m$ 能態；在 $m$ 能態的原子累積夠多時，就會引發雷射
作用。

是**邁射**（maser）。

　　我們可以用許多技巧，來產生 $m$ 態的原子。如果照射高頻率
的強光，甚至可以產生更高能階的原子。從這些更高能階，原子可
以陸陸續續向下躍進，發射光子，直到它們全部滯留在 $m$ 態爲
止。假如原子暫時留在 $m$ 態，不再發射的話，這就稱爲**準穩**態
（metastable state）。然後，再以誘發發射讓原子全部一起往下躍進。
還有一點要注意，假如我們這個系統是在普通的盒子中，它會向許
多方向自發輻射，與誘發效應相比較，前者不是我們要的結果。但
是我們能夠加強誘發效應，在盒子的每一邊放上一面幾乎完美的鏡
子，以增加效率。如此一來，被發射出來的光，可以一再獲得更多
的機會，誘發更多的發射。雖然鏡子的反射接近百分之百，仍有少
許的光會穿透鏡子跑出去。最終，根據能量守恆，所有的光全都一
致向著某方向直直射出，就是現今用雷射做出的強烈光束。

# 第43章

## 擴 散

# 43-1 分子間的碰撞

　　到目前為止，我們只探討過達到熱平衡的氣體中的分子運動。我們現在要討論的是，在東西非常接近平衡、但並非平衡狀態之下的狀況。與平衡狀態相差非常遠的情形下，事情極端複雜，但是在非常接近平衡情況時，我們很容易就可以找出所發生的現象。然而，要想知道到底發生了什麼，我們必須再回到分子運動論。統計力學和熱力學可以處理平衡的狀況，但是在未達到平衡時，我們就只能夠一個個原子來分析所發生的狀況了。

　　舉一個簡單的不平衡例子，我們現在來探討氣體中離子的擴散。假設，在某一團氣體中，有相對低濃度的離子（帶電的分子）。如果我們把氣體放進電場中，每一個離子就受一個力，與氣體中的中性分子所受到的力不同。如果沒有其他分子存在，離子就有固定加速度，直到它碰到容器壁為止。但是因為其他分子的存在，離子無法這樣；離子的速度會一直增加，直到它撞到某個分子，失去動量為止。然後離子的速度會再增加，爾後再失去動量。其淨效應是，某個離子沿著不規則的途徑努力前進，但是在電力方向有淨運動。我們將看到，這個離子有平均「漂移」，平均速率與電場成正比──電場愈強，離子走得愈快。當電場開啟時，離子也就跟著運動，當然不是處於熱平衡狀態，而是嘗試著要達到平衡，也就是說停留在容器的盡頭。應用分子運動論，我們可以計算出漂移的速度。

　　結果是，以我們目前的數學能力，無法精確計算出粒子會怎樣，只能得到顯示所有重要特性的近似結果。我們可以找出物理量如何隨著壓力、溫度等而改變，但是沒有辦法得到公式中各項前面

的正確倍數因子。因此，在我們的推導中，就不考慮數字因子的精確數值，唯有非常繁複的數學演算可以算出來。

在我們探討不平衡的情況之前，需要更仔細的看一看氣體達到熱平衡的狀況。譬如，我們需要知道，某分子連續兩次碰撞之間的平均時間是多少。

任何分子都會陸陸續續與其他分子碰撞，當然，是隨機不規則的碰撞。某個特定的分子，在一段長時期 $T$ 中，經歷 $N$ 次的碰撞。如果我們把時間加倍，就將有兩倍次數的碰撞。因此，碰撞的次數與時間成正比。我們可以寫成：

$$N = T/\tau \tag{43.1}$$

在這裡，我們的比例常數是 $1/\tau$，而 $\tau$ 的單位是時間。常數 $\tau$ 是碰撞之間的平均時間。假設，例如，每小時中有 60 次的碰撞；那麼 $\tau$ 就是一分鐘。我們會說 $\tau$（一分鐘）是在碰撞之間的**平均**時間。

我們可能經常想這樣問：「在下一個**很小的**時間**間隔** $dt$ 中，一個分子碰撞一次的**機會**是多少？」我們可能從直覺知道，答案是 $dt/\tau$。我們來試一個較有說服力的講法。假設有非常大數目 $N$ 的分子。在下一個時間間隔 $dt$ 中，它們之中有多少分子會發生碰撞？如果是在平衡狀態，各種物理量**平均來說**不會隨時間變化。因此等待了 $dt$ 時間的 $N$ 個分子，會與等待了 $N\,dt$ 時間的**一個**分子擁有同樣相撞的次數。我們知道這個數目是 $N\,dt/\tau$。所以在時間 $dt$ 中，$N$ 個分子的撞擊次數是 $N\,dt/\tau$，任何一個分子撞擊一次的機會，也就是機率，這個值的 $1/N$ 倍，也就是 $(1/N)(N\,dt/\tau) = dt/\tau$，就像上面所猜測的一樣。這是說，在時間 $dt$ 內，所有分子中會承受一次碰撞的分子數目占比為 $dt/\tau$。舉例來說，假如 $\tau$ 是一分鐘，那麼在一秒鐘內受到碰撞的粒子數目的占比是 1/60。意思是說，有 1/60 的分

子跟撞擊的對象夠近，因此**它們的**碰撞就在下一秒鐘會發生。

　　當我們說，$\tau$（碰撞之間的平均時間）是一分鐘，我們的意思不是說，所有碰撞的間隔剛好都是一分鐘。某個特定粒子並不是在碰撞一次之後，等了一分鐘，再來碰撞一次。碰撞之間隔時間有長有短，變化範圍很大。雖然以後可能不會用到，我們還是稍稍岔出主題來回答這個問題：「碰撞間隔時間**有那些**？」我們知道，在上面的情況中**平均**時間是一分鐘，但是我們可能想知道，比方說，在**兩**分鐘仍沒有碰撞的機會是多少？

　　我們將回答這個一般性問題：「某個分子經過時間 $t$ 都沒有發生碰撞的機率是多少？」我們任意選個時間起點，稱 $t = 0$，開始盯著某個特定分子。到了時間 $t$，它和別的分子仍然沒有發生碰撞的機會是多少？要計算機率，我們就要觀察在容器中所有 $N_0$ 個分子的情況。我們等了一段時間 $t$ 後，這些分子之中的某些一定已經發生碰撞。我們假設 $N(t)$ 是直到時間 $t$ 都**沒有**發生過碰撞的分子數目，$N(t)$ 的值當然會小於 $N_0$。我們之所以能夠找到 $N(t)$，是因為我們知道它怎樣隨著時間改變。假如我們知道，一直等到時間 $t$ 有 $N(t)$ 個分子仍未碰撞，那麼 $N(t + dt)$ 就是一直到時間 $t + dt$ 沒有發生碰撞的分子數目，而這個數目又比 $N(t)$ 要**小**，之間的差就是在 $dt$ 發生過碰撞的分子數目。在前面，我們剛才已經用平均時間 $\tau$，來表示在 $dt$ 時間內碰撞的分子數目 $dN = N(t)\ dt/\tau$。我們就得到方程式

$$N(t + dt) = N(t) - N(t)\frac{dt}{\tau} \tag{43.2}$$

方程式左邊的量，$N(t + dt)$，根據積分定義，可以改寫成 $N(t) + (dN/dt)\ dt$。把它代進(43.2)式，就得到

$$\frac{dN(t)}{dt} = -\frac{N(t)}{\tau} \tag{43.3}$$

這個方程式表示,在時間間隔 $dt$ 減少的分子數目與當時的數目成正比,並且與平均時間 $\tau$ 成反比。(43.3)式很容易積分,假如我們把它改寫成

$$\frac{dN(t)}{N(t)} = -\frac{dt}{\tau} \tag{43.4}$$

兩邊都是完全微分,所以積分是

$$\ln N(t) = -t/\tau + (常數) \tag{43.5}$$

和下式表示同樣的意義

$$N(t) = (常數) e^{-t/\tau} \tag{43.6}$$

我們知道,這個常數必定是 $N_0$,就是剛開始的總分子數目,因為它們全部從 $t = 0$ 開始,等待著「下一次」碰撞。我們可以把結果寫成

$$N(t) = N_0 e^{-t/\tau} \tag{43.7}$$

如果要找沒有發生碰撞的**機率**, $P(t)$,我們可以把 $N(t)$ 除以 $N_0$ 而得到它,所以

$$P(t) = e^{-t/\tau} \tag{43.8}$$

我們的結果是:某個特定分子能夠在時間 $t$ 之中,不和別的分子發生碰撞的機率是 $e^{-t/\tau}$,此處的 $\tau$ 是碰撞的平均間隔時間。 $t = 0$ 時,這個機率從 1 開始(就是如此),然後,隨著 $t$ 愈來愈大,不發生碰撞的機率就變得愈來愈小。在時間等於 $\tau$ 時,一個分子躲過

一次碰撞的機率是 $e^{-1} \approx 0.37$。如果時間超過碰撞的平均間隔，那麼機會就會少於二分之一。這沒關係，因為有足夠多分子在超過平均間隔後很久才碰撞，所以，平均間隔時間仍然能夠維持在 $\tau$。

我們原先給 $\tau$ 下的定義是碰撞**之間**的平均時間。我們從(43.7)式所得到的結果也是說，從**任何一刻**開始，到**下一次**碰撞的平均時間**居然**是 $\tau$。我們可以用下面的方法來說明這個有點出人意料的事實。在選定的任何時刻開始後，在時間 $t$ 前後時段 $dt$ 內，會遭遇到**下一次**碰撞的分子數目是 $N(t)\,dt/\tau$。它們「直到下一次碰撞前的時間」所指的當然就是 $\tau$。這個「直到下一次碰撞前的平均時間」可以用通常的方法獲得：

$$\text{直到下一次碰撞前的平均時間} = \frac{1}{N_0} \int_0^\infty t\, \frac{N(t)\, dt}{\tau}$$

應用(43.7)式所求得的 $N(t)$ 來計算積分，我們確實證明 $\tau$ 是從「任何」一刻開始，直到下一次碰撞的平均時間。

## 43-2 平均自由徑

另外一種描述分子碰撞的方法，不是討論碰撞的間隔**時間**，而是碰撞之間粒子移動**多遠**。假如我們說，碰撞之間的平均時間是 $\tau$，而且分子具有平均速度 $v$，那麼我們能夠預期，碰撞之間的平均**距離**（我們稱它是 $l$）等於 $\tau$ 與 $v$ 的乘積。這個在兩次碰撞之間的距離，稱為**平均自由徑**（mean free path）：

$$\text{平均自由徑 } l = \tau v \tag{43.9}$$

在本章中，我們不打算計較各個特定例子中到底指的是**哪一種**平均。平均有各式各樣的可能──數值平均、均方根等等，它們的

值幾乎全都相同，只相差了一個數字因子，而這些因子幾乎等於
1。反正到時候都要詳細分析來算出正確的數字因子，我們現在就
不用操心在各階段是用哪個平均。同時我們也要提醒讀者，某些物
理量的代數符號（例如用 $l$ 代表自由路徑），並非一般慣例，主要
是因爲根本就沒有約定俗成的寫法。

　　一個分子在短時間 $dt$ 中會發生一次碰撞的機會等於 $dt/\tau$，同
樣的，分子在進行一段距離 $dx$，會遇到一次碰撞的機會是 $dx/l$。
遵循上面同樣的論證，讀者可以證明，一個分子在至少要走過距離
$x$ 才碰撞的機率是 $e^{-x/l}$。

　　一個分子在與另外一個分子碰撞之前的平均距離，即平均自由
徑 $l$，取決於周圍的分子數目與這些分子的「大小」，也就是它們
代表多大的目標。一個碰撞目標的有效「大小」，我們通常用「碰
撞截面」來代表，同樣的概念也應用在核物理或光散射的問題上。

　　假想有一個運動中的粒子在某氣體中行進一段距離 $dx$，而這個
氣體的每單位體積中有 $n_0$ 個散射體（分子）（圖 43-1）。假如我們
觀察垂直於選定的粒子運動方向的單位面積，可以找到 $n_0\,dx$ 個分
子。如果每一個分子代表某有效的碰撞面積，也就是通常所謂的
「碰撞截面」$\sigma_c$，那麼散射體所遮蓋的總面積就是 $\sigma_c n_0\,dx$。

　　我們用「碰撞截面」的意思是說，如果我們的粒子要和某個特
定分子碰撞的話，它的中心就必須位於這個面積之內。假如這些分
子是小球狀的（古典的圖像），我們會預期 $\sigma_c = \pi(r_1 + r_2)^2$，此處
的 $r_1$ 與 $r_2$ 是兩個碰撞物體的半徑。我們的粒子碰撞一次的機會，
等於散射分子所覆蓋的面積對總面積的比率，我們把總面積定爲
1。所以行進 $dx$ 距離中碰撞一次的機率，就是 $\sigma_c n_0\,dx$：

$$\text{在 } dx \text{ 距離中碰撞一次的機率} = \sigma_c n_0\,dx \qquad (43.10)$$

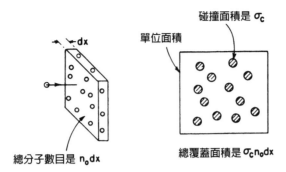

單位面積

碰撞面積是 $\sigma_c$

總分子數目是 $n_0dx$

總覆蓋面積是 $\sigma_c n_0 dx$

圖 43-1　碰撞截面

　　我們在前面曾經看到過，在 $dx$ 距離中碰撞一次的機率，也可以用平均自由徑 $l$ 寫成 $dx/l$。把這與(43.10)式相比較，我們就能夠把平均自由徑與碰撞截面連結在一起：

$$\frac{1}{l} = \sigma_c n_0 \qquad (43.11)$$

如果寫成下面的形式，就更容易記住

$$\sigma_c n_0 l = 1 \qquad (43.12)$$

　　這個公式可以想成是，散射分子**剛好**覆蓋整個面積的情況，平均來說，粒子行進一段距離 $l$ 應該會發生一次碰撞。在長度為 $l$、底為 1 單位面積的圓柱體積內，有 $n_0 l$ 個散射體：假如每一個散射體的面積是 $\sigma_c$，覆蓋的總面積就是 $n_0 l \sigma_c$，那只是 1 單位面積。整個面積並**沒有**全部被覆蓋，因為有一些分子躲在其他分子的後面。那就是為什麼有些分子需要行進比 $l$ 還要遠的距離，才能夠碰撞一次。分子行進了距離 $l$ 能夠遇到一次碰撞，那只是**平均上**來說。從平均自由徑 $l$ 的測量值，我們可以決定散射截面 $\sigma_c$ 的值，然後把

結果與根據原子結構的詳細理論所計算出來的值相比較。但這是另外一個主題！所以我們再回到非平衡狀態的問題。

## 43-3 漂移速率

我們現在要講的是，當一個分子或幾個分子，在某些方面與氣體中其他大多數分子不同時的狀況。我們把這些「大多數」分子稱為「背景」分子，把和背景分子不同的分子叫做「特殊」分子，或是簡稱為 S 分子。一個分子之所以顯得特殊，可以基於幾個理由：它可能比背景的分子要重；它可能是不同的化學物；它可能帶有一個電價，也就是在不帶電的背景分子中，它是一個離子。因為質量或是電價不同，S 分子所受到的力，可能和背景分子所受到的力不相同。從探討發生在這些 S 分子上的事，我們可以瞭解，在許多不同現象中，以類似的方式呈現的若干基本效應。例如：氣體擴散、電池中的電流、沉澱、離心分離等等。

我們先探討基本程序：在背景氣體中的某個 S 分子受到某特定的力 **F**（可以是，比如說，重力或是電力），**再加上**和背景分子碰撞而來、非特定大小或方向的力。我們想要來形容一下，S 分子的**一般**行為。**詳細的說**，S 分子會與別的分子一再發生碰撞，到處射來射去。但是，如果我們仔細觀察的話，我們會看到在 **F** 力的方向上，S 分子有某些淨值的移動。我們可以說，它在不規則運動之外，還有**漂移**（drift）。我們想要知道，**F** 力所引起的漂移有多快，也就是它的**漂移速度**（drift velocity）是多少。

假如我們在某一瞬間開始觀察某個 S 分子，我們可能預期那會是在兩次碰撞之間的某一刻。除了先前最後一次碰撞剩下的速度之外，S 分子還能夠從 **F** 力獲得某些速度的分量。在一段短暫時間內

（平均來說，是在時間 $\tau$ 內），$S$ 分子將會經歷一次碰撞，從而走出一條新的軌跡。$S$ 分子會有一個新的初速，但是仍然保持來自 **F** 力的同樣加速度。

現在爲了保持簡單起見，我們假設在每次碰撞以後，$S$ 分子有個全「新」的開始。這就是說，$S$ 分子完全不記得過去從 **F** 所得到的加速度。假如我們的 $S$ 分子比背景分子輕了許多，這應該是合理的假設。但是，這個假設在一般情形下肯定是不正確的。我們以後會討論這個假設怎樣改進。

我們目前的假設是說，$S$ 分子每次碰撞後仍保有某個速度，而此速度朝任何方向的機率都一樣。碰撞後的初速在各個方向的機會均等，也不會造成淨位移。所以我們就不必再擔憂它在碰撞之後的起動速度。除了無規運動之外，每個 $S$ 分子在任何時刻，都還有**自從**前次碰撞以來，在 **F** 力的方向得到的額外速度。那麼，**這**部分速度的**平均**值是多少呢？就是加速度 **F**/$m$（此處 $m$ 是 $S$ 分子的質量）乘上**自從**前次碰撞以來的**平均**時間。現在，**自從**前次碰撞的平均時間，定然是和**到下一次**碰撞的平均時間相同，也就是我們上面所說的 $\tau$。來自 **F** 的**平均**速度，當然就是所謂的漂移速度，所以我們得到一個關係式

$$v_{漂移} = \frac{F\tau}{m} \tag{43.13}$$

這個基本關係就是我們這主題的精髓。即使 $\tau$ 值的決定有重重困難，漂移這個基本的程序仍然還是由 (43.13) 式界定。

你會注意到，漂移速度與力成**正比**。可是，很不幸，它的比例常數卻沒有廣泛使用的名稱。它有不同的名稱對應到各種不同的力上。如果是與電有關的問題，力寫成電荷乘上電場，**F** = $q$**E**，那麼在速度與電場 **E** 之間的比例常數一般稱爲「遷移率」（mobility）。

雖然可能會造成混淆，**我們**仍會用**遷移率**這個名詞，來代表在**任何**力的情形中，漂移速度對力的比例常數。我們通常寫成

$$v_{漂移} = \mu F \qquad (43.14)$$

我們就稱 $\mu$ 為遷移率。我們從 (43.13) 式得到

$$\mu = \tau/m \qquad (43.15)$$

遷移率也和碰撞之間的平均間隔時間成正比（把速度減緩的碰撞次數減少），而與質量 $m$ 成反比（慣性愈大，在碰撞之間所獲得的額外速率就愈小）。

(43.13) 式是正確的，但要得到正確的數字係數，如同假設的正確，必須要小心。這裡不是要故意造成大家的困惑，我們只是要指出，以上思維邏輯有其微妙之處，唯有謹慎細膩檢視才能體會。僅管以上論述看似容易，為了指出困難的所在，我們把導出 (43.13) 式的論證，用合理、**但卻是錯誤的**方法重新再做討論。（而且這個方法在許多教科書中都可以看到！）

我們曾經說過：碰撞之間的平均時間是 $\tau$。粒子在經過一次碰撞以後，會以任意速度再次開始，但是它會在兩次碰撞之間獲得額外的速度，這等於加速度乘上時間。因為粒子需要經過時間 $\tau$ 才能到達**下次的**碰撞，屆時它的速度是 $(F/m)\tau$。在碰撞開始時，粒子的速度是零。所以在兩次碰撞之間，平均而言，粒子具有一個等於終速度一半的速度，因此漂移速度是 $\frac{1}{2} F\tau/m$。（錯了！）雖然上面的論證可能聽起來同樣的合理，這結果是錯的，只有得自 (43.13) 式的答案才正確。

說第二種的結果是錯誤的，理由有點微妙，下面的解釋可以說明這點：這個論證假設所有的碰撞間隔時間都是平均間隔時間 $\tau$。

事實上是，有些時間比較短，有些時間比較長。較短的時間**比較常**發生，但是對漂移速度產生的作用**較小**，因為它們「真正前進」的機會比較少。假如我們能夠正確計算碰撞之間的自由時間的**分布**，就可以證明在第二個論證中不應該有 $\frac{1}{2}$ 這個因子。這個錯誤是出在用一個簡單的說法就想把**平均終**速度與平均速度本身連在一起。這兩者的關係並不簡單，所以最好還是專心探討真正需要的：平均速度的本身。我們所給的第一個論證，是直接決定平均速度的大小，而且正確！現在大家或許已經能夠看出來，為什麼我們在基礎推導時，通常不急著去算數字係數所有的正確值！

我們現在再回到先前那簡化的假設，也就是每一次碰撞後，就把過去運動的所有記憶全部抹除，每次碰撞後都是一個新的開始。假設我們的 $S$ 分子是在比較輕的背景分子中的較重物體。那麼我們的 $S$ 分子在每次碰撞的瞬間，都不會失去它的「前向」動量。需要若干次碰撞以後，它的運動才可以再次「無規」。我們現在把先前的假設改成，$S$ 分子在每次碰撞（每次的平均間隔時間是 $\tau$）都會損失某一些部分的動量。我們不打算推導細節，只是說明結果是等於把 $\tau$（平均碰撞時間）用一個新的、比較長的 $\tau$ 來替換，這個較長的 $\tau$ 相當於「平均遺忘時間」，也就是讓分子忘記它的前向動量的平均時間。把 $\tau$ 做這樣的解釋，我們就可以把(43.15)式應用到比最初假設更為複雜的情況之中。

## 43-4 離子電導率

現在我們把我們的結果應用到一個特別的例子。假設我們在一個容器中有某種氣體，其中也有一些是離子，也就是帶有淨電荷的原子或分子。我們把這個情況用圖 43-2 來表示。假如容器相對的

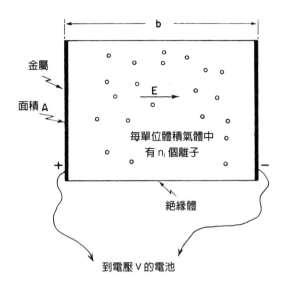

圖 43-2 游離氣體的電流

兩壁是兩個金屬板，我們可以把它們連接到一個電池的兩極，在氣體中就產生一個電場。電場會施力在離子上，所以這些離子將開始向著兩個金屬板之一漂移過去。如此就感生一個電流，而氣體和它的離子的行為就變得類似一個電阻。從漂移速度計算出離子的流動，就可以算出電阻。我們具體的問：為什麼電流的流動隨著兩金屬板間的電壓差 $V$ 而改變？

我們假設以下情形：容器是一個長度為 $b$、截面積為 $A$ 的長方形盒子（圖 43-2）。假如從一金屬板到另外一板的電位差，也就是電壓為 $V$，則在兩板之間的電場 $E$ 等於 $V/b$。（電位是一個單位電荷從一金屬板到另外一金屬板所做的功。在一單位電荷上的力是 $E$。如果 $E$ 在兩板之間到處都一樣（目前來說，這樣的近似就足夠了），則對每單位電荷所做的功是 $Eb$，所以 $V = Eb$。）施加在氣

體中離子上的特別力是 $q\mathbf{E}$ ，此處 $q$ 是離子上的電荷。那麼，離子的漂移速度，就是 $\mu$ 乘上這個力，也就是

$$v_{漂移} = \mu F = \mu qE = \mu q \frac{V}{b} \tag{43.16}$$

電流 $I$ 是單位時間內電荷的流動。流入金屬板之一的電流，等於單位時間內到達那個金屬板的離子總電荷。假如離子朝向金屬板漂移的速度是 $v_{漂移}$，那麼在一段距離 $(v_{漂移} \cdot T)$ 內的離子將會在時間 $T$ 內到達金屬板。如果每單位體積內有 $n_i$ 個離子，在 $T$ 時間內到達金屬板的離子數目是 $(n_i \cdot A \cdot v_{漂移} \cdot T)$。每一個離子攜帶電荷 $q$，所以我們有下面的關係

$$在\ T\ 時間內蒐集的電荷 = qn_iAv_{漂移}\ T \tag{43.17}$$

電流 I 是在 $T$ 時間內蒐集到的電荷除以 $T$，所以

$$I = qn_iAv_{漂移} \tag{43.18}$$

把 (43.16) 式中的 $v_{漂移}$ 代入，我們就得到

$$I = \mu q^2 n_i \frac{A}{b} V \tag{43.19}$$

我們發現電流與電壓成正比，這就是歐姆定律（Ohm's law）的形式，而且電阻 $R$ 是比例常數的倒數：

$$\frac{1}{R} = \mu q^2 n_i \frac{A}{b} \tag{43.20}$$

在電阻與分子性質 $n_i$、$q$ 和 $\mu$ 之間存在著一種關係，而 $\mu$ 又隨著 $m$ 和 $\tau$ 而改變。假如我們從原子的測量知道了 $n_i$ 和 $q$，那麼測量一下 $R$ 就可以來決定 $\mu$，而且從 $\mu$ 可以得到 $\tau$。

## 43-5 分子的擴散

我們現在來看另外一種問題，用不同的分析方法：擴散定理。假設我們有一個內含氣體的容器，是在熱平衡的狀態之下，然後我們把少量的另一種氣體放到容器中的某處。我們把原來的氣體稱做「背景」氣體，而新放進去的氣體則是「特別」氣體。這個特別氣體就會開始瀰漫到整個容器，但它是慢慢的散播，因爲背景氣體存在。這種逐漸瀰漫的過程，稱爲**擴散**。擴散的特性主要是由特別氣體的分子受到背景氣體分子撞擊來控制。在很多次的碰撞之後，特別氣體的分子早晚會均勻擴散到整個容器體積中。我們必須注意，**不要**把氣體的擴散和對流帶動的大量傳輸混在一起。通常，兩種氣體藉由對流和擴散而產生混合。我們現在所感興趣的，只是**沒有「風」的流動**的情況。氣體是經由分子的運動而擴展，也就是擴散。我們希望能夠計算擴散的發生有多快。

我們現在計算由於分子運動所導致的「特別」氣體分子的**淨流**（net flow）。唯有分子的分布並非均勻時，才會有淨流動，否則分子的各種運動平均下來就沒有淨流動。我們首先考慮在 $x$ 方向的流率。要找到流率，我們可以假想有一個垂直於 $x$ 方向的平面，然後數一數穿過這個平面的特別分子數目。要得到淨流，我們就必須把向著 $x$ 方向的分子當作是正值數目，並且**減去**向著負 $x$ 方向穿過的數目。如同我們已經看到過許多次的討論，在一段時間 $\Delta T$ 橫過某個表面面積的分子數目，就是在 $\Delta T$ 時間間隔啓動時，把一個表面移動 $v \, \Delta T$ 距離所掃過體積內的分子總數。（注意，$v$ 在這裡是眞正的分子速度，而不是漂移速度。）

我們把這表面設爲一單位面積以簡化代數運算。那麼從左到右

（選取 +x 方向爲右方）通過的特別分子數目就是 $n_-v\,\Delta T$，此處的 $n_-$ 是在該平面左邊每單位體積中特別分子的數目（其實是這個數目的大約兩倍以內大小，但我們暫時忽略這個倍數）。以此類推，從右到左穿過的數目是 $n_+v\,\Delta T$，這裡的 $n_+$ 是在該平面右手邊的特別分子的密度。如果我們稱分子流是 $J$，意思是每單位時間、每單位面積分子的淨流，我們得到

$$J = \frac{n_-v\,\Delta T - n_+v\,\Delta T}{\Delta T} \tag{43.21}$$

也就是

$$J = (n_- - n_+)v \tag{43.22}$$

我們應該用什麼來表示 $n_-$ 與 $n_+$？當我們說「平面左邊的密度」，是在左邊**多**遠的地方？我們應該選擇分子開始「飛翔」的那個位置的密度，因爲**開始**移動的分子數目是由那個位置的數目所決定。所以，$n_-$ 的意思是，在平面左邊某個距離的密度（這個距離等於平均自由徑 $l$），而 $n_+$ 則是在我們假想的平面右邊距離 $l$ 的密度。

　　爲了方便思考，把特別分子在空間的分布，假想成是一個 $x$、$y$ 與 $z$ 的連續函數，稱做爲 $n_a$。我們用 $n_a(x, y, z)$ 來表示某中心位於 $(x, y, z)$ 的小體積中的特別分子的密度。相對於 $n_a$，我們可以把 $(n_+ - n_-)$ 這個差表示成

$$(n_+ - n_-) = \frac{dn_a}{dx}\,\Delta x = \frac{dn_a}{dx} \cdot 2l \tag{43.23}$$

把這個結果代進 (43.22) 式中，並且省略掉因子 2，我們就得到

$$J_x = -lv\,\frac{dn_a}{dx} \tag{43.24}$$

如此，我們就得知特別分子的流率正比於密度的導數，有時也叫做

密度「梯度」（gradient）。

我們剛才很明顯做了幾個粗略的近似。除了若干次沒有用到那個因子 2 ，在應該用 $v_x$ 的地方我們改用了 $v$ ，而且我們還假設 $n_+$ 和 $n_-$ 是指位於離平面成垂直距離 $l$ 的地方，因此對於那些斜斜來到該平面的分子來說， $l$ 應該是相當於從平面到那個位置的**斜距**（slant distance）。所有的這些都可以修正；經過一番更小心分析的結果顯示，(43.24)式的右手邊應該乘上 1/3 。所以較好的答案是

$$J_x = -\frac{lv}{3}\frac{dn_a}{dx} \tag{43.25}$$

在 $y$ 與 $z$ 方向的分子流也可以寫成類似的方程式。

分子流 $J_x$ 和密度梯度 $dn_a/dx$ 可以用巨觀觀察的方法來測量到。得到的比率稱為「擴散係數」$D$ 。也就是

$$J_x = -D\frac{dn_a}{dx} \tag{43.26}$$

先前證明過，對氣體我們可以預期

$$D = \tfrac{1}{3}lv \tag{43.27}$$

在這一章中到目前為止，我們已經探討了兩個完全不同的過程：**遷移率**，是由於「外面」的力所造成的分子漂移；以及**擴散**，只有經由內力（無規碰撞）來決定的擴展。然而，它們之間卻存在著一種關係，因為它們基本上都是隨著熱運動而改變，而且平均自由徑 $l$ 都出現在兩者的計算之中。

假如，在(43.25)式中，我們代入 $l = v\tau$ 和 $\tau = \mu m$ ，就得到

$$J_x = -\tfrac{1}{3}mv^2\mu\frac{dn_a}{dx} \tag{43.28}$$

但是 $mv^2$ 只隨著溫度改變。我們還記得

$$\tfrac{1}{2}mv^2 = \tfrac{3}{2}kT \qquad (43.29)$$

所以

$$J_x = -\mu kT \frac{dn_a}{dx} \qquad (43.30)$$

我們得知**擴散**係數 $D$，只是 $kT$ 乘上 $\mu$，$\mu$ 是**遷移率**係數：

$$D = \mu kT \qquad (43.31)$$

結果發現(43.31)式中的數字係數剛剛好是對的，不需要再加額外的因子來修正我們的粗略假設。事實上，我們能夠證明(43.31)式**永遠**都是正確的，即使是在複雜的情況（舉例來說，在某一種液體中的懸浮）也如此，只是我們的簡單計算不適用。

　　為了證明(43.31)式在一般情況下也正確，我們現在要用不同的方法，也就是只用到統計力學基本原理來推導。假想「特別」分子有某個梯度，而且根據(43.26)式，我們知道擴散流與密度梯度成正比。現在我們在 $x$ 方向施加一個力場，使得每一個特別分子都感受到這個力 $F$。根據遷移率 $\mu$ 的**定義**，漂移速度是由下式表示：

$$v_{漂移} = \mu F \qquad (43.32)$$

利用我們通常的論證，**漂移流**（drift current，在單位時間內經過單位面積的分子數**淨值**）將是

$$J_{漂移} = n_a v_{漂移} \qquad (43.33)$$

也就是

$$J_{漂移} = n_a \mu F \qquad (43.34)$$

我們現在把力**調整**到，剛好讓 $F$ 所產生的漂移流**抵消**擴散，因此就**沒有**該特別分子的**淨流**存在。我們得到 $J_x + J_{漂移} = 0$，或是

$$D \frac{dn_a}{dx} = n_a \mu F \qquad (43.35)$$

在「兩者抵消」的情況下，我們找到一個（對時間）穩定的密度梯度，寫成

$$\frac{dn_a}{dx} = \frac{n_a \mu F}{D} \qquad (43.36)$$

但是要注意！我們正在描述一個**平衡**（equilibrium）狀態，所以統計力學的**平衡**定律都可以應用。根據這些定律，在 $x$ 座標找到一個分子的機率與 $e^{-U/kT}$ 成正比，此處的 $U$ 是位能。以分子數密度 $n_a$ 來表示，這意思就是

$$n_a = n_0 e^{-U/kT} \qquad (43.37)$$

假如我們把(43.37)式對 $x$ 微分，就找到

$$\frac{dn_a}{dx} = -n_0 e^{-U/kT} \cdot \frac{1}{kT} \frac{dU}{dx} \qquad (43.38)$$

也就是

$$\frac{dn_a}{dx} = -\frac{n_a}{kT} \frac{dU}{dx} \qquad (43.39)$$

在我們的情況，因為力 $F$ 是在 $x$ 方向上，位能 $U$ 就等於 $-Fx$，而且 $-dU/dx = F$。方程式(43.39)因此就變成

$$\frac{dn_a}{dx} = \frac{n_a F}{kT} \qquad (43.40)$$

（這恰好就是(40.2)式，當初讓我們導出 $e^{-U/kT}$ 的式子，所以我們又回到起點。）比較(43.40)和(43.36)，我們剛好可以得到(43.31)式。

我們已經證明，(43.31)式（以遷移率來表示擴散流）具有正確的係數，而且適用於大部分的情況。遷移率與擴散兩者關係密切。這個關係，最先是由愛因斯坦所推導出來的。

## 43-6 熱導率

這幾章一直在用到的分子運動論方法，也可以用來計算氣體的**熱導率**（thermal conductivity）。假如在一個容器上層的氣體比在下層的氣體溫度高，熱就會從上往下流動。（我們假設是上層的氣體比較熱，否則就會產生對流，那麼這個問題就不再是**熱傳導**問題了。）熱從比較高溫的氣體轉移到比較涼的氣體，是由於「高溫」分子向下擴散（它們具有比較多的能量），以及「冷」分子向上擴散。要計算熱能量流，需要知道向下移動的分子，在向下跨過某面積元素所攜帶的能量，以及向上移動的分子，在向上跨過某表面時所攜帶的能量。從兩者的差，我們可以得到向下能量流的淨值。

熱導率 $\kappa$ 的定義是一種速率的比率，也就是熱能跨過某單位表面積的速率，與溫度梯度的比：

$$\frac{1}{A}\frac{dQ}{dt} = -\kappa\frac{dT}{dz} \qquad (43.41)$$

因為詳細計算步驟，非常類似先前算過的游離氣體中的分子擴散流，我們就留給讀者去練習證明，

$$\kappa = \frac{knlv}{\gamma - 1} \qquad (43.42)$$

而 $kT/(\gamma - 1)$ 是分子在溫度 $T$ 的平均能量。

假如我們應用 $nl\sigma_c = 1$ 這個關係，熱導率可以寫成

$$\kappa = \frac{1}{\gamma - 1} \frac{kv}{\sigma_c} \tag{43.43}$$

我們得到相當出乎意料的結果。我們知道，氣體分子的平均速度隨著溫度改變，而**不是隨著密度**改變。我們也預期，$\sigma_c$ 只隨分子的**大小**而改變。因此我們的簡單結果是說，熱導率 $\kappa$（以及在任何特殊情況下的熱流**率**）與氣體的**密度**無關！隨著密度改變，能量「載子」數目的變化，恰好被能量載子兩次碰撞所走的較大距離給彌補過來了。

有人可能會問：「熱流與氣體密度無關，是否只限於密度趨於零的情況？也就是在完全沒有氣體存在的情況下？」當然不是！(43.43)式的推導，本章其他公式也一樣，是碰撞之間的平均自由徑比容器尺寸小了許多的假設下推導出來的。只要氣體密度小到足以讓分子跨越容器（從一側到另一側）幾乎不發生碰撞，那麼這一章中的所有計算就都不成立。在這種情況，我們就必須再回到分子運動論，重新計算所發生的細節。

# 第44章
## 熱力學定律

## 44-1　熱機；第一定律

　　到目前為止，我們都一直是從原子的觀點來討論物質的性質，以期大略瞭解，假如我們假設物質是由遵守某些定律的原子所組成，會怎麼樣。然而，在物質的性質之中，有某些關係可以不必考量物質詳細的構造就可以找出來。不需要知道內部構造，只要找出物質各種性質的關係，就是**熱力學**的主題。在歷史上，熱力學的發展在理解物質內部構造之前，就已經完成了。

　　舉個例子來說，我們從分子運動論知道，氣體的壓力是由於分子之間的互相碰撞所造成的，並且我們也知道，假如我們把一團氣體加熱，碰撞就會增加，而壓力也必定會跟著增加。相反的，如果在一個盛有氣體的容器中，活塞頂著碰撞力向內移動時，撞擊活塞的分子能量將會增加，造成溫度上升。所以，一方面，假如我們使某特定體積內的溫度上升，我們增加了壓力。另一方面，如果我們壓縮氣體，我們會發現，溫度也會升高。從分子運動論，我們可以在這兩個效應之間推導出定量的關係，但是直覺上，我們可以猜想到，兩者必然有某種關聯，而且和碰撞的細節無關。

　　現在讓我們來看看另外一個例子。許多人對橡皮的性質很熟悉：假如我們拿一條橡皮筋，把它拉長，它會變熱。如果有人把橡皮筋放在兩唇之間，然後再把它拉長，就可以很清楚的感覺到一陣溫熱，而這個溫熱的感覺是可以反過來的，假使當橡皮筋還在那人的兩唇之間的時候，他就快速放開橡皮筋，橡皮筋明顯的會比較涼。這意思是，我們拉長一條橡皮筋，會使它變熱，釋放橡皮筋的張力，它就變涼。這麼一來，我們的直覺可能認為，假如我們加熱橡皮筋，它可能會拉長；事實上是，拉長橡皮筋使它變熱可能意味

著，橡皮筋加熱，應該會造成它收縮。而實情是，如果我們用火焰燒吊著砝碼的橡皮筋，我們可以看到橡皮筋會突然收縮（圖44-1）。所以，在我們加熱一根橡皮筋時，它真的會拉緊，而這個事實肯定跟釋放張力時橡皮筋變涼有關。

　　橡皮筋內部產生這些效應的物質結構相當複雜。我們先從分子的觀點來做初步描述，雖然在這一章，我們的主要目的是在不涉及到分子模型的情況下，來瞭解這些效應之間的關係。然而，我們還是可以從分子模型來證明，這些效應之間有密切的關係。

　　想瞭解橡皮的行為的一種方法，就是要體認這種物質是由為數眾多的長鏈分子糾纏在一起組成的，類似一種「分子義大利麵條」，但有個額外特性：在鏈與鏈之間還有許多交叉的連接，很像義大利麵條有的時候會絞在一起，糾纏成一大團。當我們把這些糾纏拉開時，有些鏈會沿著我們拉的方向排列。同時，這些長鏈是在熱運動之中，因此彼此持續互相撞擊。由此可知，這樣的長鏈展開來，不會維持伸展，因為它會受其他的長鏈與分子從旁邊撞擊，因此又會再度傾向於糾纏在一起。

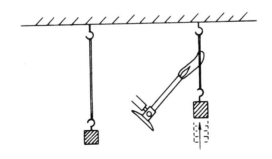

圖 44-1　加熱的橡皮筋

　　所以，橡皮筋傾向於收縮真正的理由是：在我們把橡皮筋向外拉時，長鏈是縱向的，而在長鏈側邊的分子的熱騷動（thermal agitation）卻傾向於使長鏈糾纏在一起，使得它們變短。我們就知道，假如把長鏈保持在拉開的狀態，溫度就增加，因此長鏈側面的撞擊力道也會增加，長鏈就趨向於向內拉，而且受熱時這些長鏈可以拉起更重的砝碼。假如在橡皮筋伸長了一段時間以後，再讓這條橡皮筋放鬆，每條長鏈都會變軟，所以當分子撞擊到已經放鬆的長鏈上頭時，分子就會失去能量。溫度因此下降。

　　受熱時就收縮，放鬆時則變涼，我們已經透過分子運動理論看到這兩個效應的關聯，但是要從理論去判斷兩者之間的精確關係，卻是極大的挑戰。我們必須要知道每秒鐘有多少次的碰撞，以及長鏈的形狀如何，我們需要把所有可能的複雜因素都納入考慮。詳細的機制是如此複雜，我們無法只用分子運動論決定所發生的真正情況；但是，我們可以在不知道內部物質結構下，觀察到兩個效應之間某種具體關係！

　　整個熱力學的主題，基本上是源於下列這類考量：比起較低溫時，橡皮筋在較高溫時「更強壯」，能夠提起砝碼，而且可以讓這些砝碼到處移動，所以用熱可以做功。事實上，我們在實驗上已經看到，加熱的橡皮筋能夠提起砝碼。研究用熱做功的方法，就是熱力學這門科學的起始。

　　我們能不能利用熱效應讓橡皮筋做功去製造一個引擎？你可以製作這個看起來很滑稽的引擎，就可以達到這個目的。這個引擎有一個類似腳踏車輪的輪子，輪子上所有的輪輻全是橡皮筋做的（圖44-2）。如果用一對熱電燈泡在輪子的一邊加熱，這一邊的橡皮筋就會變得比另外一邊的橡皮筋「強壯」。輪子的重心將會偏向一邊，離開它的軸承，因此輪子開始轉動。在輪子轉動時，涼的橡皮

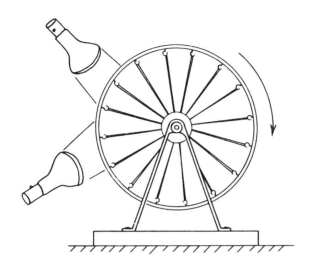

圖 44-2　橡皮筋熱機

筋會向著熱源移動，而熱橡皮筋因離開熱而變涼，所以只要有熱源存在，輪子就會慢慢轉動。這個引擎的效率當然非常低。兩個電燈泡一共 400 瓦特的電功率，剛好只夠用這引擎舉起一隻蒼蠅！然而，這引發一個有趣的問題，就是我們是否可以用更有效的方法讓熱做功。

　　事實上，熱力學的探討緣起於偉大的工程師卡諾（Sadi Carnot）分析以下這個問題：怎樣才能夠製造最好且效率最高的引擎，這是工程學對物理理論有卓越貢獻的少數著名例子之一。我想到的另外一個例子，是山農（Claude Shannon）近年來對資訊理論的分析。非常湊巧的是，後來發現這兩個分析彼此具有密切的關係。

　　蒸汽引擎的一般運作是，由燒開的水產生熱，所形成的水蒸汽膨脹後可以推動活塞，而讓輪子轉動。水蒸汽推動活塞，然後呢？工作還等著完成：愚笨的方法就是做完每個循環就讓蒸汽跑到空氣

中去，這樣就要不斷補充水。但是比較便宜，也就是比較有效率的方法，則是讓水蒸汽進入另外一個箱子，在那裡用冷水把蒸汽凝結成水，然後再把水抽回鍋爐，因此可以循環不斷。就是這樣提供熱給引擎，然後轉換成爲功。用酒精來代替水，是否會比較好呢？物質應該具有什麼樣的性質，才能夠讓引擎發揮最大的功能？這就是卡諾曾經自問過的問題，研究的成果之一，就是發現了我們在上面剛剛解釋過的關係。

　　熱力學的結果，全部隱含了某種看似簡單的說明，稱爲**熱力學定律**。當卡諾在世的時候，熱力學第一定律：能量守恆，還不爲人所知。然而，卡諾的論證是非常小心推理的，今天仍然成立，即使在他那個時期還不知道熱力學的第一定律！許多年以後，克拉伯隆（B. P. E. Clapeyron）做了較爲簡單的推導，比起卡諾那個非常繁複的論述要容易懂得多，但結果是，克拉伯隆所假設的，並非一般的能量守恆，而是根據熱量理論之**熱**守恆，這後來證明是不正確的。所以雖然經常有人說，卡諾的邏輯是錯的，然而實際上他的邏輯是正確的。只有大家讀到的，克拉伯隆的簡化形式才是錯誤的。

　　目前所稱的熱力學的第二定律，是在第一定律發現之前，由卡諾所發現的！如果來回顧卡諾如何不用熱力學第一定律來論述，可能會相當有趣，但是我們不這樣做，因爲我們是在研究物理，而不是歷史。我們要從第一定律著手，雖然實際上，許多問題不需要應用第一定律，也可以解決。

　　讓我們來從第一定律（能量守恆）開始：假如把熱放進一個系統中，並且對系統做功，那麼系統的能量增加，是由於熱的加入以及對它所做的功。我們可以把它寫成：放進系統中的熱能 $Q$，加上對系統所做的功 $W$，等於系統增加的能量 $U$；後者這個能量有時稱爲內能（internal energy）：

$$能量變化 \ U = Q + W \qquad (44.1)$$

$U$ 的變化，可以當作是加進去少量的熱 $\Delta Q$，以及加進了小量的功 $\Delta W$：

$$\Delta U = \Delta Q + \Delta W \qquad (44.2)$$

這是同一個定律的微分形式。從前一章中，我們對此已經很清楚了。

## 44-2 第二定律

現在，熱力學的第二個定律說的是什麼？我們知道，假如我們頂著摩擦力做功，我們失去的功等於產生的熱。如果我們在一個溫度為 $T$ 的房間中做功，並且我們做得足夠慢，房間的溫度就不會改變太多，如此我們就在某個指定溫度下，把功轉換成了熱。在指定溫度下，有沒有可能把熱轉換回去成為功呢？第二定律斷言說，這不可能。如果能夠把熱轉換成為功，例如把摩擦力的過程反轉，那該有多方便。假如我們只考慮能量守恆，我們可能會認為，熱能，譬如像分子的振動運動，可以提供大量的有用能量。

但是卡諾假設，在單一溫度下是不可能從熱萃取出能量的。換言之，如果整個世界都在同一溫度下，沒有人可以把任何熱能轉換為功；雖然把功轉換成熱的過程，可以在某指定溫度下發生，卻沒有人能夠把這過程反轉回來再得到功。具體的說，卡諾假設，不可能把熱在某一個溫度吸收進來並且轉換成為功，而又**不會**造成系統或是周圍環境中的**其他改變**。

上面最後這句話非常重要。假設在某一溫度下，我們有一罐壓縮的空氣，然後我們使空氣膨脹。它就能夠做功，例如可以推動錘

子。在膨脹過程中空氣會冷卻少許，現在如果我們有一片大海，這片海洋像是具某個溫度的熱庫，我們就能夠讓空氣加溫重新回到原來的溫度。所以我們是把熱從海洋中取出來，並且用壓縮的空氣做了功。但是卡諾並沒有錯，因為**我們沒有讓每樣東西都保持原狀。**假如我們把膨脹的空氣重新壓縮，會發現我們對空氣做了額外的功，而且在完成以後會發現，我們不但不能從溫度 $T$ 系統中得到功，實際上又多加進去一些功。我們必須只討論情況，在整個過程中的**淨結果**，是把熱移走轉換成為功，就好像對抗摩擦力做功過程的淨結果，把功轉換成熱一樣。

假如我們繞著一個圓周移動，我們就能夠把系統準確的再帶回到它的起點，那麼它的淨結果是對抗摩擦力做了功，而且產生熱。我們能夠把這個過程反轉過來嗎？可以按下一個開關，讓每樣東西都往回走，因此讓摩擦力來對抗我們而做功，讓海洋冷卻嗎？

根據卡諾的意見：這些都不可能！所以我們就假設，這是不可能發生的情形。

如果真的可能的話，那就等於是說，姑且不論其他，我們可以從冷物體把熱取出來，然後放進熱物體中，不需付出任何代價。現在我們知道，熱物體可以把冷物體加溫，這很自然；如果我們只是把一個熱體和一個冷體放在一起，其他條件都沒改變，我們的經驗可以確認，熱的物體不會愈來愈熱，而冷的物體不會愈來愈冷！但是，如果我們可以從某固定溫度的海洋或其他東西抽取熱量，得到功，那個功就可以在另外某個溫度靠摩擦力轉變回熱。比方說，已經在做功的機器用另一隻側臂去摩擦生熱。淨結果就會是，把來自一個「冷」體（海洋）得到的熱，放入熱體中。現在，卡諾的假說，熱力學第二定律，有時候如此敘述：熱本身，無法從冷物體流到熱物體。但是，就像我們剛才看到的，以下兩種說明其實是相等

的：第一個，沒有任何方法及步驟，其唯一結果是在單一溫度下把熱轉換成為功；第二個，沒有辦法使熱從冷的地方流動到熱的地方。以下我們大部分會使用第一個說法。

卡諾對於熱機（heat engine）的分析，和我們在第 4 章討論能量守恆時講到舉重機的論述十分相似。事實上，那個論述是在模仿卡諾的熱機論證，因此，以下的討論會聽起來非常類似。

假設我們建造一個熱機，含有一個溫度為 $T_1$ 的「鍋爐」。從鍋爐中取出某一個熱量 $Q_1$，蒸汽引擎做了某些功 $W$，然後它排放一些熱量 $Q_2$ 到一個另外溫度為 $T_2$ 的「冷凝器」（圖 44-3）。卡諾沒有說了多少熱，因為他並不知道第一定律，而且他也沒有應用 $Q_2 = Q_1$ 的定律，因為他並不認同。雖然每個人都會認為，根據熱量理論，$Q_1$ 必須等於 $Q_2$，可是卡諾並沒說它們相等——這就是他論證的高明之處。如果我們應用第一定律，我們會發現被排放的熱 $Q_2$，是放進去的熱 $Q_1$ 減去所做的功 $W$：

$$Q_2 = Q_1 - W \qquad (44.3)$$

（假如我們有某種循環裝置，當水蒸汽凝結成水以後，再抽回鍋爐，我們會說，在每一次循環中，某個量的水走過整個循環，吸收

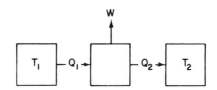

圖 44-3　熱機

了熱量 $Q_1$，並且做了功 $W$。）

　　現在我們再建造另外一個熱機，看看從溫度 $T_1$ 送出等量的熱，能不能獲得比較多的功，此時冷凝器保持在溫度 $T_2$。我們用取自鍋爐的同量的熱 $Q_1$，並且嘗試用另外一個流體，例如酒精，得到比用蒸汽引擎更多的功。

## 44-3　可逆機

　　現在我們必須分析我們的引擎。有件事很明顯：如果引擎內的裝置有摩擦，我們定然會損失一些東西。最好的引擎是沒有摩擦的引擎。那麼，假設我們處於當初研究能量守恆時的同樣理想狀態；也就是說，是一個完全沒有摩擦的引擎。

　　我們也必須考慮無摩擦運動在熱學中的類比（analogue）：「無摩擦」的熱傳遞。假如在某個很高的溫度下，我們把一個熱物體靠在一個冷物體上，熱開始流動，這時兩物體中的任何一個做非常小的溫度改變，都不可能使得熱向相反的方向流動。當我們有一台基本上沒有摩擦的機械，我們用一個很小的力朝某個方向稍微推一下，機械就會向那個方向移動，假如我們再用很小的力向另外一個方向推，機械就向另外那個方向移動。我們需要找到無摩擦運動的熱學對比：一種熱傳遞，我們只要極小的改變就能轉變它的方向。如果兩者有具體的溫度差，這就不可能發生，但是只要確保熱會在兩個幾乎差不多同溫的物體之間流動，而且只要無窮小的溫度差異就能夠使熱向著所欲方向流動，這個流動就稱爲是可逆的（圖 44-4）。

　　假使我們把在左邊的物體稍微加熱，熱會向右流動；如果我們讓它稍微冷卻，熱則向左流動。因此我們理解到，理想引擎就是所

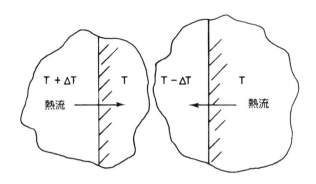

圖 44-4　可逆的熱傳遞

謂的**可逆**機（reversible engine），它的每一個動作都是可逆的，指的是說，即使是經由極小的改變，無窮小的改變，我們也可以使這引擎向相反方向運行。這意思是，機械各部分完全沒有可以覺察到的摩擦，機械中熱庫，或是鍋爐的火焰，完全沒有直接碰觸到有具體溫差的較熱或較涼的東西。

　　現在讓我們來探討理想的引擎，它的所有動作都是可逆的。為了證明它原則上可能存在，我們用引擎的一個循環週期來舉例，雖然不見得合乎實際，但起碼就卡諾的概念來看，它是可逆的。假設我們有一團氣體，在帶有無摩擦活塞的圓筒中。這氣體不需要是理想氣體，其實這流體也不需要是氣體，但為了明確起見，姑且就視它為理想氣體。同時，我們也假設，我們有兩個非常大的熱墊子，溫度分別是 $T_1$ 和 $T_2$。在這個例子中，我們假設 $T_1$ 比 $T_2$ 高。我們首先讓氣體與溫度為 $T_1$ 的熱墊子接觸，加熱氣體，使之膨脹。當我們緩緩拉出活塞，熱流到氣體時，我們要注意，不要讓氣體的溫度與 $T_1$ 相差太多。如果我們把活塞拉出得太快，氣體的溫度會下

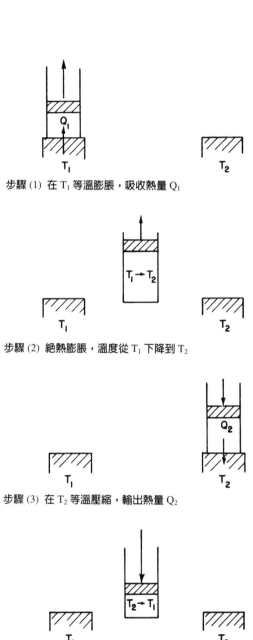

步驟 (1) 在 $T_1$ 等溫膨脹，吸收熱量 $Q_1$

步驟 (2) 絕熱膨脹，溫度從 $T_1$ 下降到 $T_2$

步驟 (3) 在 $T_2$ 等溫壓縮，輸出熱量 $Q_2$

步驟 (4) 絕熱壓縮，溫度從 $T_2$ 上升到 $T_1$

圖 44-5　卡諾循環的步驟

降到比 $T_1$ 低許多，這個過程就不會完全可逆，但是假如我們拉得
足夠慢，氣體溫度永遠不會離 $T_1$ 太遠。另外一方面，如果我們把
活塞慢慢往回推，溫度將只會比 $T_1$ 高出無限小的量，熱量就會回
流。就這樣，我們瞭解到，這種恆溫（固定溫度）的膨脹，緩慢且
輕巧進行，是一個可逆過程。

　　要想瞭解這過程到底在做什麼，我們用氣體壓力對體積作圖予
以解釋（圖 44-6）。當氣體膨脹時，壓力下降。從標示 (1) 的曲線
可以看出來，假設把溫度的值固定在 $T_1$，壓力與體積是怎樣變化
的。對理想氣體來說，這條曲線應該是 $PV = NkT_1$。在等溫膨脹過
程中，體積增加，壓力下降，直到 $b$ 點才停止。與此同時，某個熱
量 $Q_1$ 必須從熱庫流入氣體，因為假如氣體膨脹時沒有和熱庫接觸
的話，我們已知它會冷卻下來。恆溫膨脹完成後，會停止在 $b$ 點，

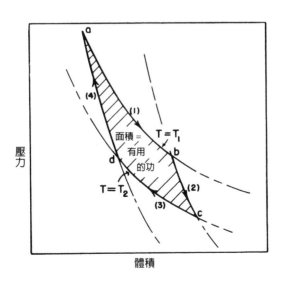

圖 44-6　卡諾循環

現在讓我們把圓筒從熱庫中搬走，而繼續讓氣體膨脹。這時我們不允許任何熱進入圓筒。然後，我們讓氣體再慢慢膨脹，這麼一來就沒有理由說它不能逆向運作，並且我們再次假設沒有摩擦存在。氣體繼續膨脹的同時，溫度下降，因為已經沒有熱再進入圓筒。

　　隨著標示 (2) 的曲線，我們讓氣體膨脹，直到溫度下降到 $T_2$（標示 $c$ 的點）。這種膨脹，沒有加入熱而完成，稱為**絕熱**膨脹（adiabatic expansion）。對理想氣體而言，我們已經知道曲線 (2) 的形式是 $PV^{\gamma}$ = 常數，此處 $\gamma$ 是一個大於 1 的常數，所以絕熱曲線比恆溫曲線的負斜率更陡。現在氣體圓筒達到了溫度 $T_2$，所以假設我們是把它放到溫度 $T_2$ 的熱墊子上，就不會有不可逆的變化。現在順著標示 (3) 的曲線，當氣體還和溫度為 $T_2$ 的熱庫接觸時，我們慢慢壓縮氣體（圖 44-5 的步驟 3）。因為圓筒與熱庫相接觸，溫度不會上升，但是熱量 $Q_2$ 在溫度 $T_2$ 時，從圓筒流入熱庫。沿著曲線 (3)，氣體恆溫壓縮到 $d$ 點後，我們把圓筒從溫度為 $T_2$ 的熱墊子中移開，並且繼續壓縮氣體，而且不讓任何熱流出來。溫度將會上升，而壓力將會隨著標示 (4) 的曲線變化。假如我們每一步都能夠正確操作，就能夠回到在溫度為 $T_1$ 的 $a$ 點，也就是我們開始的點，如此就完成了一個循環。

　　在這個圖上，我們可以看到氣體完成了一個循環，並且在一個循環中，我們在溫度為 $T_1$ 時把 $Q_1$ 放進去，而在溫度為 $T_2$ 時把 $Q_2$ 移走。現在的重點是，這個循環是可逆的，所以我們可以把所有的步驟反過來走。我們原先就可以沿著那些曲線反方向而行：我們可以在溫度 $T_1$，從 $a$ 點開始，沿著曲線 (4) 膨脹，然後在溫度 $T_2$ 時繼續膨脹，吸收熱 $Q_2$……如此等等，反方向完成整個循環。假如我們順著一個方向繞完一個循環，我們必須對氣體做功；假設我們走另外一個方向，氣體就對我們做功。

順便一提，要知道功的總量應該是不難，因為在任何膨脹中所做的功等於壓力乘上體積的變化，$\int P\,dV$。在這個特定的圖中，我們把 $P$ 畫成垂直坐標，同時把 $V$ 畫成水平坐標。所以，假如我們稱垂直距離是 $y$，水平距離是 $x$，功就是 $\int y\,dx$，換句話說，就是曲線下的面積。所以在標注有號碼的每個曲線下的面積，就是氣體在相對的步驟中所做功的測量。很容易就可以看出來，所做的淨功是圖中陰影區域的面積。

現在我們已經有了可逆機械的一個例子，我們可以假設其他類似的引擎也可能存在。現在讓我們來假定一個可逆機 $A$，它在 $T_1$ 溫度下取得 $Q_1$，做功 $W$，在 $T_2$ 輸出一些熱。現在假設，我們還有另外一個引擎 $B$，是由人類製造的，已經設計出來或根本尚未發明，是由橡皮筋、蒸汽或其他東西做成的，不論它是可逆或非可逆的，這引擎被設計成在 $T_1$ 可以取得相同的熱量 $Q_1$，並且在較低的溫度 $T_2$ 釋放出熱（圖 44-7）。

假定引擎 $B$ 做了一些功 $W'$。現在我們要證明 $W'$ 不能大於 $W$

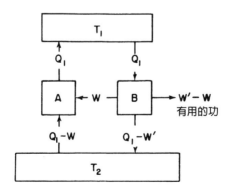

圖 44-7　可逆機 $A$ 被引擎 $B$ 反方向推動。

——沒有任何引擎能夠比可逆機做更多的功。為什麼？假設 $W'$ 真的大過 $W$ 的話，那麼我們就可以從溫度為 $T_1$ 的熱庫取得熱量 $Q_1$，而且可以用引擎 $B$ 做功 $W'$，並且把一些熱量排放到溫度為 $T_2$ 的熱庫（我們不必管是多少熱）。完成這個，我們可以儲存 $W'$ 的一些功（假設 $W'$ 比 $W$ 大）；我們可以只耗用其中一部分的功 $W$，而且把剩下的功，也就是 $W' - W$，儲存起來，當作是有用的功。**因為引擎 $A$ 是一部可逆機**，使用功 $W$，我們可以讓引擎 $A$ 反方向運轉。$A$ 將會從溫度為 $T_2$ 的熱庫吸收一些熱，並且把 $Q_1$ 運輸回到 $T_1$ 的熱庫。經過這種雙重循環後，淨結果應該相當於把所有的東西都恢復到以前的樣子，同時我們應該也有做了一些額外的功，也就是 $W' - W$，而且，我們做完這兩圈循環的**全部**成果，剛好是從溫度為 $T_2$ 的熱庫取得能量！我們把熱 $Q_1$ 放回溫度為 $T_1$ 的熱庫時非常小心，所以，這熱庫可以非常小，而且可以放在合成機械 $A + B$「之內」，因此淨效應剛好是從 $T_2$ 熱庫所得到的淨熱 $W' - W$，而且把它轉換成為功。但是要在單一溫度下，從一個熱庫獲得有用的功，而且**沒有牽涉到其他的改變**，根據卡諾的假說，這是不可能的。從較高的溫度 $T_1$ 吸收某定量的熱、而在溫度 $T_2$ 把熱排放出去的引擎，反而比在同樣的溫度條件下運作的可逆機做更多的功？這種情形是不存在的。

現在假設引擎 $B$ 也是可逆的。那麼，$W'$ 不但不可以大過 $W$，以上的論述予以逆推可以證明 $W$ 不能也大於 $W'$。因此，如果兩個引擎全都具有可逆性，必定會做同樣的功，所以，我們由此就得到了卡諾的高明結論：假如某個引擎是可逆的，不論它是如何設計的都沒有關係，因為我們是假定溫度 $T_1$ 時吸收了某個特定量的熱，在某個其他溫度 $T_2$ 傳遞出去，所得到功的量**與引擎的設計無關**。這是大自然的性質，不是某個特定引擎的性質。

當我們在 $T_1$ 吸收熱 $Q_1$，並在 $T_2$ 傳遞出去，假如我們可以找到規則去判斷得到多少功，這個功的量會是到哪裡都一樣，與用到的物質無關。當然，如果我們知道某特定物質的性質，我們可以計算出來，然後可以說，所有其他的物質在可逆機中必定都會提供同量的功。以上就是主要的觀念，就是靠這條線索幫我們找出某些現象之間的關係。例如，橡皮筋加熱其長度收縮量如何對應橡皮筋收縮時的溫度變化量。假想，我們把一條橡皮筋放進可逆機中，讓它經過一個可逆循環。其淨值結果（所做功的總量）就是那個普適函數，那個跟使用什麼物質都無關的偉大函數。因此我們知道，物質的性質必定受到某些限制；人無法隨心所欲創造東西，否則他就可以發明一個物質，用來產生比在可逆循環中能夠得到最大量的功還更多的功。這個原理，這個限制，就是熱力學的唯一真正規則。

## 44-4 理想引擎的效率

現在我們要找出一個定律，可以把功 $W$ 表達成 $Q_1$、$T_1$ 和 $T_2$ 的函數。很清楚 $W$ 與 $Q_1$ 成正比，因為假如我們考慮兩部平行的可逆機，同時一起運作，並且都是雙引擎，這個組合的本身也是一個可逆機。假如每一部所吸收的熱是 $Q_1$，那麼兩部一共吸收 $2Q_1$，其所做的功是 $2W$……等等。因此主張 $W$ 和 $Q_1$ 成正比，並沒什麼不合理。

下一個重要的步驟，是要找出這個普適定律。我們將用一種特定的物質來研究可逆機，也就是用理想氣體，因為它的定律我們已經知道。這個規則也可以從純邏輯論證得到，完全不必借助於特定的物質。這是物理學中完美推理傑作的一例，我們忍不住想和大家分享，如果有人想知道，我們等一會兒就會討論到。但是首先，我

們將使用較不抽象、且比較簡單的方法,來直接計算理想氣體。

我們只需要推導出 $Q_1$ 和 $Q_2$ 的公式(因爲 $W$ 就是 $Q_1 - Q_2$),也就是在恆溫膨脹或是恆溫收縮時,氣體跟熱庫交換的熱量。舉例來說,從 $a$ 點(壓力 $P_a$,體積 $V_a$,溫度 $T_1$)到 $b$ 點(壓力 $P_b$,體積 $V_b$,溫度同爲 $T_1$)的恆溫膨脹(圖 44-6 中標示 (1) 的曲線)過程中,在溫度 $T_1$ 下,從熱庫吸收的熱 $Q_1$ 是多少?理想氣體每一個分子具有一個能量,能量只隨著溫度改變,而且由於 $a$ 點的溫度與分子數目與 $b$ 點相同,內能就相同。 **$U$ 沒有改變**;氣體所做的全部的功爲

$$W = \int_a^b P\, dV$$

在膨脹中,從熱庫取得的能量是 $Q_1$。在膨脹時, $PV = NkT_1$,

$$P = \frac{NkT_1}{V}$$

也就是

$$Q_1 = \int_a^b P\, dV = \int_a^b NkT_1 \frac{dV}{V} \tag{44.4}$$

即

$$Q_1 = NkT_1 \ln \frac{V_b}{V_a}$$

這就是溫度 $T_1$ 下,從熱庫得到的熱。同理,溫度 $T_2$ 的壓縮(圖 44-6 的曲線 (3)),在溫度 $T_2$ 下排放到熱庫的熱是

$$Q_2 = NkT_2 \ln \frac{V_c}{V_d} \tag{44.5}$$

要完成我們的分析,只需要找出 $V_c/V_d$ 和 $V_b/V_a$ 之間的關係。

對此，我們注意到曲線 (2) 是個從 $b$ 到 $c$ 的絕熱膨脹，其中 $PV^\gamma$ 是常數。因為 $PV = NkT$，我們可以把它寫成 $(PV)V^{\gamma-1}$ = 常數，或是換成 $T$ 和 $V$ 來表達，變成 $TV^{\gamma-1}$ = 常數，即

$$T_1 V_b^{\gamma-1} = T_2 V_c^{\gamma-1} \tag{44.6}$$

同樣的，因為曲線 (4) 是從 $d$ 到 $a$ 的壓縮，也是絕熱壓縮，我們得到

$$T_1 V_a^{\gamma-1} = T_2 V_d^{\gamma-1} \tag{44.6a}$$

假如我們把這個方程式除上前一個，我們就得到 $V_b/V_a$ 必須等於 $V_c/V_d$，在(44.4)和(44.5)式中的對數都相等，所以

$$\frac{Q_1}{T_1} = \frac{Q_2}{T_2} \tag{44.7}$$

這就是我們所要找的關係。雖然是用理想氣體引擎證明，但是我們知道，**對於任何可逆機**，這關係肯定也可以成立。

現在我們來看，如何用邏輯論證得到這個普適定律，不需要知道任何特定物質的性質。假設我們有三個引擎和三個溫度，$T_1$、$T_2$ 和 $T_3$。有一個引擎在 $T_1$ 吸收熱 $Q_1$，做了某一個量的功 $W_{13}$，而且在溫度 $T_3$ 送出熱 $Q_3$（圖 44-8）。而另外一個引擎在 $T_2$ 和 $T_3$ 之間逆向運行。假設我們讓這第二個引擎的大小，使它吸收同樣的熱 $Q_3$，並且送出熱 $Q_2$。我們就必須對它做某一些量的功 $W_{32}$，這個功是負值的，因為引擎是逆向運行。當第一個機器走過一個循環，在溫度 $T_1$ 吸收熱 $Q_1$，在溫度 $T_3$ 排放 $Q_3$；而第二個機器在溫度 $T_3$ 從熱庫取得同樣的熱 $Q_3$，並且在溫度 $T_2$ 將熱排放到熱庫。所以這兩個機器一前一後連起來的淨值結果是，在 $T_1$ 取得熱 $Q_1$，在 $T_2$ 送出 $Q_2$。因此這兩個機器，相當於第三個機器，它在 $T_1$ 吸收熱

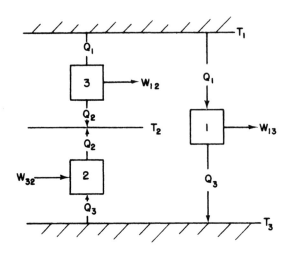

圖 44-8  引擎 1 和引擎 2 合在一起，相當於引擎 3 。

$Q_1$ ，做功 $W_{12}$ ，且在 $T_2$ 送出 $Q_2$ ，因為 $W_{12} = W_{13} - W_{32}$ ，我們立刻能夠從第一定律證明出來，如下：

$$W_{13} - W_{32} = (Q_1 - Q_3) - (Q_2 - Q_3) = Q_1 - Q_2 = W_{12}$$

$$(44.8)$$

我們能夠得到這些與引擎效率有關的定律，因為在溫度 $T_1$ 和 $T_3$ 之間運作的引擎、在溫度 $T_2$ 和 $T_3$ 之間運作的引擎、以及在溫度 $T_1$ 和 $T_2$ 之間運作的引擎，它們個別的效率彼此顯然存在某些關係。

我們可以很清楚的論證如下：我們剛才看到，我們總是可以把在 $T_1$ 吸收的熱和在 $T_2$ 送出的熱找出關聯，透過找到在另一個溫度 $T_3$ 送出的熱。假如我們引進一個標準溫度，應用這個標準溫度來分析，就能夠得到所有引擎的性質。換句話說，在某一溫度 $T$ 和某一任意設定的標準溫度之間運作的引擎的效率如果已知，那麼就能夠

計算出在任何其他溫度差之間運作引擎的效率。因為我們假設，我們只用可逆機，我們的操作可以從開始的溫度下降到標準溫度，再上升到最終溫度。我們可以制定這個任意標準溫度為 1 度。我們用特別的符號來代表在這個標準溫度時所排放的熱：我們將稱它是 $Q_S$。換言之，當可逆機在溫度 $T$ 吸收熱 $Q$ 時，它將在單位溫度排放一個熱量 $Q_S$。**如果有一個引擎，在 $T_1$ 吸收熱 $Q_1$，在標準溫度 1 度排放熱 $Q_S$，假如另外一個引擎在 $T_2$ 吸收熱 $Q_2$，也會在標準溫度 1 度排放同樣的熱 $Q_S$，由此可知，會有第三個引擎在 $T_1$ 和 $T_2$ 之間運作，在溫度 $T_1$ 吸收熱 $Q_1$，在溫度 $T_2$ 排放熱 $Q_2$，就像先前用在三個溫度之間運行的引擎做過的證明一樣。**

所以，我們真正所需要做的是，找出在 $T_1$ 需要放進去多少熱 $Q_1$，以達到可以在單位溫度排放某一個量的 $Q_S$。如果能夠找出來，我們就萬事具備了。熱量 $Q$，當然是溫度 $T$ 的函數。很容易可以看出來，當溫度增加時，熱必定也會增加，因為我們知道，需要先取得功，才能夠讓一個引擎反向運行，而且把熱排放到比較高的溫度。也很容易看出，熱量 $Q_1$ 必定是和熱量 $Q_S$ 成正比。所以熱力學偉大的定律是如此說的：在 1 度時排放某個指定量的熱 $Q_S$ 的引擎，在溫度 $T$ 運行吸收的熱 $Q$，必定是熱量 $Q_S$ 乘上某個溫度的遞增函數

$$Q = Q_S f(T) \tag{44.9}$$

## 44-5 熱力學溫度

在這個階段我們不打算用熟悉的水銀溫度計量，寫出上面的溫度遞增函數，而是**要定義新的溫度尺標**。「溫度」的定義，曾經是

把水的膨脹任意予以等量分割的度數來代表。後來用水銀溫度計來測量溫度時，我們又發現溫度間距已經不再是等量。現在，**我們給溫度下個新定義，不取決於任何特定物質的新定義**。我們可以用那個函數 $f(T)$，它跟用什麼裝置無關，因爲這些可逆機的效率並不取決於工作物質。由於我們所定的這個函數會隨著溫度而增加，我們就把**函數本身**當作溫度的定義，以標準 1 度溫度做爲測量度的單位，如下：

$$Q = ST \tag{44.10}$$

其中

$$Q_S = S \cdot 1° \tag{44.11}$$

這意思是，我們可以讓可逆機在某物體的溫度與單位溫度之間運作，找出這個引擎所吸收的熱量爲多少，即可得知該物體有多熱（圖 44-9）。假如從鍋爐中取出的熱，是它排放給溫度爲 1 度的凝結器的 7 倍，這個鍋爐的溫度就是 7 度……依此類推。所以，測量在不同溫度所吸收的熱，我們可以決定溫度。應用這個方法對溫度所下的定義，稱爲**絕對熱力學溫度**（absolute thermodynamic temperature），而且不會隨著物質的種類而改變。從現在起，我們就只會採用這個定義。＊

＊原注：我們先前用過不同的方法來定義溫度的尺標，也就是陳述理想氣體中一個分子的平均動能與溫度成正比，亦即理想氣體定律所指的，$PV$ 與 $T$ 成正比。這個新的定義是否與之相同？是的，因為從氣體定律推導出來的 (44.7) 式的最後結果，和這裡的推導一樣。在下一章，我們會再討論這一點。

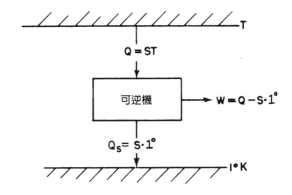

**圖 44-9 絕對熱力學溫度**

現在我們來看看，當我們有兩個引擎時，一個在 $T_1$ 與 1 度之間運作，另外一個則在 $T_2$ 與 1 度之間運作，在單位溫度時輸出同樣的熱，兩者所吸收的熱必然有以下關係：

$$\frac{Q_1}{T_1} = S = \frac{Q_2}{T_2} \tag{44.12}$$

這就是說，假如我們有一個單引擎，在 $T_1$ 和 $T_2$ 之間運作，只要引擎在溫度 $T_1$ 吸收能量 $Q_1$，並且在 $T_2$ 輸出熱量 $Q_2$，經過重重分析的最後總結論就是，「$Q_1$ 對 $T_1$ 的比」等於「$Q_2$ 對 $T_2$ 的比」。無論何時，只要引擎是可逆的，排放的熱量之間的關係必定遵守這個規則。就是這樣簡單：這就是熱力學體系的中心重點。

如果這就是所謂的熱力學，為什麼大家會認為它是如此困難的主題？我們處理的問題牽涉到已知質量的某物質時，這個物質在任何時刻的情況，都可以用它的溫度與體積的量來說明。假如我們知道一個物體的溫度與體積，而且它的壓力又是溫度與體積的某種函

數，那麼我們就可以知道內能。但是有人可能會說：「我不想這樣做。只要告訴我溫度與壓力，然後我就可以告訴你體積。我可以把體積想成是溫度與壓力的函數，而且把內能當作是溫度與壓力的函數等等。」這就是為什麼熱力學很困難，因為每個人處理的方法都不相同。大家只要願意坐下來討論一下，決定要用哪些變數，並且確實遵守，熱力學就會很簡單。

現在我們來做一些推論。就像 $F = ma$ 是力學系統的核心一樣，後續的公式就可以接著一直不斷推演下去；同樣的，我們已經找到的這個原則是熱力學的精髓。但是從這個原則，我們就可以下結論了嗎？

首先，要得到我們的第一個結論，我們需要把兩個定律合併在一起，也就是能量守恆律，以及這個敘述 $Q_2$ 和 $Q_1$ 關係的定律，我們很容易就可以求得**可逆機的效率**。從第一定律，我們得到 $W = Q_1 - Q_2$。根據我們的新原理，

$$Q_2 = \frac{T_2}{T_1} Q_1$$

所以功就變成為

$$W = Q_1 \left(1 - \frac{T_2}{T_1}\right) = Q_1 \frac{T_1 - T_2}{T_1} \qquad (44.13)$$

它可以告訴我們引擎的效率（從多少的熱，能夠得到多少量的功）。一個引擎的效率，與「引擎運作的兩個溫度的差，除以較高的溫度」成正比：

$$效率 = \frac{W}{Q_1} = \frac{T_1 - T_2}{T_1} \qquad (44.14)$$

效率不能大於 1，而且絕對溫度不能小於零（絕對零度）。由於 $T_2$ 必須是正值，所以效率就永遠小於 1。這就是我們的第一個結論。

## 44-6 熵

(44.7)式或(44.12)式可以用特別的方法來解釋。以下敘述都是完全使用可逆機的情形，假如 $Q_1/T_1 = Q_2/T_2$，在溫度 $T_1$ 的熱量 $Q_1$ 就「等於」在 $T_2$ 的 $Q_2$，只是其中一個熱被吸收，另外一個熱被排放。這是說，假如我們稱 $Q/T$ 是一種東西：在可逆的過程中，有多少 $Q/T$ 被吸收，就有多少 $Q/T$ 被釋放出去；也就是沒有 $Q/T$ 的淨得失。這個 $Q/T$ 值就稱為熵（entropy），我們說：「在可逆循環中，熵沒有淨改變。」如果 $T$ 是 1°，那麼熵就是 $Q/1$°，我們已經給它一個特別的符號，$Q_S/1$° $= S$。事實上，$S$ 這個字母通常就用來表示，在數值上，它等於排放到 1° 的熱庫的熱量（就是我們所稱的 $Q_S$）。（熵本身並不是熱，它是熱除以溫度，因此它的測量單位是**每度的焦耳數**。）

現在耐人尋味的是，除了壓力是溫度與體積的函數以外，內能也是溫度與體積的函數，現在我們又多了一個量，它也是物理情況的函數，也就是，物質的熵。我們試著來解釋一下，怎樣來計算熵，以及我們稱它是「情況的函數」到底是什麼意思。假設有個系統處於兩個不同情況下，和我們所做過的絕熱膨脹和等溫膨脹的實驗非常類似。（此外，一個熱機不見得只能有兩個熱庫，它可以有三個或是四個不同的溫度等等，在那些溫度下吸收熱或是輸出熱。）我們可以在 $PV$ 的圖形上任意移動，從一個情況到另外一個情況。換句話說，我們可以說氣體是在某一個情況 $a$，然後進入其他的情況，$b$，而且我們要求這個從 $a$ 到 $b$ 的轉換必須是可逆的。

現在假設，沿著 $a$ 到 $b$ 的路徑上，我們有許多不同溫度的小熱庫，所以在每一小步驟中從物質移走的熱 $dQ$，等於被排放到路徑上那一點的溫度所對應的那個小熱庫。那麼，讓我們用很多可逆熱機把所有熱庫全部連接到在單位溫度的單獨一個熱庫。在物質從 $a$ 到 $b$ 這步驟結束後，我們就又把所有的熱歸還到原來的情況。曾經在溫度 $T$ 從物質吸收的任何熱 $dQ$，現在已經被可逆機轉換成某量的熵 $dS$，在單位溫度下被輸出，就如下式所示：

$$dS = dQ/T \qquad (44.15)$$

　　讓我們來計算已經被輸出的熵的總量。熵的差，也就是用這特定可逆轉換方式、從 $a$ 到 $b$ 所需要的熵，就是從所有小熱庫取出的熵，在單位溫度排放出去的熵的總量：

$$S_b - S_a = \int_a^b \frac{dQ}{T} \qquad (44.16)$$

有個問題是，熵的差是否取決於所選擇的路徑？因為從 $a$ 到 $b$，可以經過的路徑不止一條。記得圖 44-6 的卡諾循環，我們從 $a$ 到 $c$，可以首先經過等溫膨脹，然後再絕熱膨脹；或者也可以先絕熱膨脹，然後再等溫膨脹。因此問題是，我們從圖 44-10 中的 $a$ 到 $b$，在某條路徑上所發生的熵的變化，是否與另外一條路徑上的相同？答案是**必須要相同**，因為如果我們一直進行，走過一個循環，在一條路徑上向前走，在另外一條路徑上倒退走，那我們所擁有的是一個可逆機，因此就沒有熱會流失到單位溫度的熱庫。在完全可逆的循環中，沒有必要從在單位溫度的熱庫取走熱，所以從 $a$ 到 $b$ 的整條路徑上所需要的熵，和在另外一整條路徑上的一樣。熵的變化**與路徑無關**，只隨著端點而改變。所以，我們可以說，有某一個

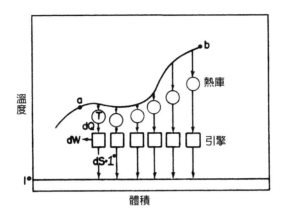

**圖44-10** 可逆轉換中,熵的變化。

函數,我們稱為物質的熵,它只隨著情況而改變,也就是只隨著體積與溫度改變。

我們能夠找到一個函數 $S(V, T)$,它所具有的性質是,當物質沿著任何可逆路徑移動時,計算熵的變化是用在單位溫度時所釋放的熱,那麼

$$\Delta S = \int \frac{dQ}{T} \qquad (44.17)$$

此處 $dQ$ 是在溫度 $T$ 時從物質移走的熱。熵的總變化是,在起點和終點計算所得到的熵之間的差

$$\Delta S = S(V_b, T_b) - S(V_a, T_a) = \int_a^b \frac{dQ}{T} \qquad (44.18)$$

這個式子並沒有給熵下了完整的定義,而只是表達兩個不同情況下的熵之**差**。只在某個特別的情況下計算出熵的值時,我們才真正能

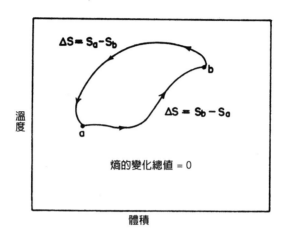

**圖 44-11** 完全可逆循環中，熵的變化。

夠給 $S$ 下絕對的定義。

有很長一段時間，絕對的熵被認爲是毫無意義的，只有熵的差才可以有定義，後來能斯特（Walther H. Nernst）提出他的**熱定理**（heat theorem），這也稱爲熱力學第三定律。這個定律非常簡單。我們只敘述它的內容，而不解釋它爲什麼是正確的。能斯特的假說只主張，任何物質在絕對零度時的熵等於零。我們知道有一個 $T$ 和 $V$ 的情況，也就是 $T = 0$ 時，$S$ 是零；因此我們可以得到其他任何點的熵。

讓我們來計算某個理想氣體的熵，以說明這些概念。在等溫（因此是可逆的）膨脹中，$\int dQ/T$ 等於 $Q/T$，因爲 $T$ 固定不變。所以（由(44.4)式），熵的變化是

$$S(V_a, T) - S(V_b, T) = Nk \ln \frac{V_a}{V_b}$$

所以，$S(V, T) = Nk \ln V$ 再加上某些個 $T$ 的函數而已。$S$ 如何隨著 $T$ 變化？我們知道，對可逆的絕熱膨脹來說，**沒有熱交換**。即使 $V$ 在改變，熵仍不改變，前提是 $T$ 也跟著改變，使得 $TV^{\gamma-1}$ = 常數。你能看出來嗎？這個的含義是

$$S(V, T) = Nk\left[\ln V + \frac{1}{\gamma-1}\ln T\right] + a$$

此處 $a$ 是某個獨立於 $V$ 和 $T$ 的常數。〔$a$ 稱為化學常數。它隨著氣體的種類而不同，並且可以由實驗來決定，即應用能斯特定理測量氣體冷卻、凝結直到 0°，變成固體（對氦來說，是變成液體）所釋放出來的熱，再積分 $\int dQ/T$。它也可以用普朗克常數和量子力學，以理論的方式來決定，但是在這一門課我們不會探討。〕

現在，我們要對物體的熵的性質做一些說明。我們首先想起來，假如沿著一個可逆的循環從 $a$ 到 $b$，那麼物質的熵的變化將會是 $S_b - S_a$。而且我們記得，當我們沿著路徑進行時，熵（在單位溫度下輸出的熱）會根據 $dS = dQ/T$ 而增加，此處 $dQ$ 是在溫度 $T$ 從物質移走的熱。

我們已經知道，假如我們有一個可逆的**循環**，所有東西的總熵不會改變，因為在 $T_1$ 吸收的熱 $Q_1$ 和在 $T_2$ 輸出的熱 $Q_2$，對應到大小相等、正負號相反的熵之變化，所以熵的淨變化為零。因此，對於可逆循環而言，任何東西的熵都不會改變，包括各個熱庫的熵。這個規則雖然看起來很像是能量守恆，但它不是；它只適用在可逆循環的情況。假如有非可逆循環牽涉在內，就沒有熵的守恆定律。

我們要舉兩個例子。第一個例子是，假如我們用摩擦力對一個物體做非可逆的功，在溫度 $T$、在某個物體上產生一個熱 $Q$。熵增加了 $Q/T$。熱量 $Q$ 等於功，因此，當我們用摩擦力對一個物體

（它的溫度爲 $T$）做某一個量的功，整個系統的熵增加了 $W/T$。

另外一個非可逆的例子是：我們把兩個物體放在一起，它們的溫度不同，比如說是 $T_1$ 和 $T_2$，某個量的熱會自動從一個物體流向另外一個物體。假如，譬如說，我們把一塊熱石頭放進冷水中。那麼當某一個量的熱 $\Delta Q$ 從 $T_1$ 轉移到 $T_2$，熱石頭的熵的變化量是多少？熱石頭的熵將減少 $\Delta Q/T_1$。水的熵的變化量是多少呢？水的熵會增加 $\Delta Q/T_2$。如果 $T_1$ 大於 $T_2$ 的話，熱當然只會從較高的溫度 $T_1$ 向較低的溫度 $T_2$ 流，因此 $\Delta Q$ 是正值。所以整個系統的熵的變化是正的，而以上這兩個比值的差則是：

$$\Delta S = \frac{\Delta Q}{T_2} - \frac{\Delta Q}{T_1} \tag{44.19}$$

所以，下面的主張是正確的：在任何非可逆過程中，整個系統的熵會增加。只有在可逆過程中，熵才不會改變。但是沒有任何過程是絕對可逆的，因此至少都有小量的熵值一直在增加；可逆過程僅是一種理想的狀況，在那種情況下，我們讓熵值的增加微乎其微。

非常可惜，我們並不打算深入探討熱力學的領域。我們的目的，只是闡述主要的概念，以及說明爲什麼能夠如此論述，但是在這門課中，我們使用熱力學的機會並不多。熱力學常爲工程師和化學家所應用，特別是後者，所以要從事科學和工程的人需詳細研讀熱力學。因爲不值得把所有的東西都重複一遍，以下我們提供理論起源的一些討論，而不詳述特殊應用例子的細節。

熱力學的兩個定律經常如此敘述：

**第一定律**：宇宙中的能量維持不變。

**第二定律**：宇宙中的熵一直在增加。

第二定律的陳述不是很好；它沒有說出，例如，只有在可逆循環中，熵永遠不變，而且也沒有明確說出熵到底是什麼。以上只是記住這兩個定律的口訣，但是卻並不能告訴我們真正的情況。

我們把這一章中所討論過的定律，總結在表 44-1 中。在下一章，我們將應用這些定律來找出「橡皮筋膨脹所產生的熱」以及「它受熱時所產生的張力」之間的關係。

### 表 44-1　熱力學定律一覽

**第一定律：**

放進一個系統的熱 + 對一個系統所做的功 = 系統增加的內能：

$$dQ + dW = dU$$

**第二定律：**

淨結果只是把熱量從熱庫取出，轉換成為功的這種運作不可能發生。

從 $T_1$ 獲得熱 $Q_1$，並且在 $T_2$ 輸出熱 $Q_2$ 的熱機，不可能比可逆機做更多的功，如果

$$W = Q_1 - Q_2 = Q_1\left(\frac{T_1 - T_2}{T_1}\right)$$

**一個系統的熵定義如下：**

(a) 溫度為 $T$ 的系統，以可逆的方式添加熱量 $\Delta Q$，那麼系統所增加的熵

$\Delta S = \Delta Q/T$。

(b) 在 $T = 0$ 時，$S = 0$（**第三定律**）。

在**可逆變化**中，系統所有部位的總熵值（包括各個熱庫）不會改變。

在**非可逆變化**中，系統的總熵值持續在增加。

# 第45章

# 熱力學闡述

# 45-1 內 能

熱力學的應用是一個十分困難和複雜的主題，而且在這門課程中也不適合太深入研究它的應用。這個主題對從事工程和化學的人來說，當然非常重要。對這個主題有興趣的人，可以在物理化學或是工程熱力學的課程去瞭解應用領域。同時也有許多優秀參考書，例如柴曼斯基（M. W. Zemansky）所著的《熱與熱力學》（*Heat and Thermodynamics*），從書中大家可以學得更多有關這個主題的知識。《大英百科全書》第十四版中有許多熱力學和熱化學的精采文章，而且在討論化學的文章中，物理化學、蒸發、氣體液化的章節，也都可以看到。

熱力學這個主題之所以困難，是因為可以用許多不同的方法來描述同一件事。假若我們想描述一個氣體的行為，我們可以說，壓力隨著溫度與體積改變，但是我們也可以說，是體積隨著溫度與壓力改變。或者以內能 $U$ 來說，我們可以說，內能隨著溫度與體積改變，假若我們選擇用這些變數；但是我們也可以說，內能是隨著溫度與壓力改變，或是隨壓力與體積改變等等。在上一章，我們曾經討論了另外一個溫度與體積的函數，稱為熵 $S$，而且我們當然也可以從這些變數，組成許多我們想要的函數：$U - TS$ 是溫度與體積的函數。所以我們有許多不同的量，它們可以是由變數組合的函數。

為了保持本章主題單純，我們一開始時決定把**溫度**與**體積**當作獨立的變數。從事化學的人選用溫度與壓力，因為在化學實驗中比較容易測量，而且容易控制，但是我們在這一章將全部用溫度與體積，唯一的例外是介紹怎樣把它們轉換成化學家所用的變數系統。

因此，我們先只考慮一個系統其獨立變數為溫度與體積。其次，我們也將只討論兩個隨它們變化的函數：內能與壓力。其他的函數全都可以從以上這些推導出來，所以不需要多加討論。雖然有了這些限制，熱力學還是相當困難的主題，起碼不是完全無從下手！

首先，我們需要複習一些數學。假如有某個量是兩個變數的函數，那麼這個量的微分要比只有一個變數的情況，需要較多的仔細思考。當我們說壓力對溫度微分，是什麼意思？隨著溫度變化而有的壓力變化，當然也會取決於溫度變化對**體積**的影響。我們必須先界定 $V$ 的變化，則壓力對溫度的微分才有精確的意義。我們可能也想知道，例如，假如 $V$ 保持固定不變時，$P$ 相對於 $T$ 的變化率。這個變化率類似一般的微分，我們通常寫成 $dP/dT$。我們通常用特別的符號 $\partial P/\partial T$，來提醒自己，$P$ 隨著 $T$ 改變，也取決於另外一個變數 $V$，並且微分時這另外一個變數 $V$ 是維持固定不變的。我們不但要用符號 $\partial$ 來提醒，另外一個變數固定，也要把這個常數的變數寫成下標，也就是 $(\partial P/\partial T)_V$。我們只有兩個變數，這個符號是多餘的，但是它能夠在熱力學的偏微分混亂中，幫助我們保持心智清明。

現在讓我們來假設，函數 $f(x, y)$ 取決於兩個獨立變數 $x$ 和 $y$。我們寫符號 $(\partial f/\partial x)_y$ 只是把 $y$ 當作常數，用尋常方法得到的一般微分：

$$\left(\frac{\partial f}{\partial x}\right)_y = \lim_{\Delta x \to 0} \frac{f(x + \Delta x, y) - f(x, y)}{\Delta x}$$

同樣的，我們可以定義

$$\left(\frac{\partial f}{\partial y}\right)_x = \lim_{\Delta y \to 0} \frac{f(x, y + \Delta y) - f(x, y)}{\Delta y}$$

舉例來說，假如 $f(x, y) = x^2 + yx$ ，那麼 $(\partial f/\partial x)_y = 2x + y$ ，以及 $(\partial f/\partial y)_x = x$ 。我們可以把這個概念延伸到較高次的微分：$\partial^2 f/\partial y^2$ 或是 $\partial^2 f/\partial y \partial x$ 。後面的符號是指，我們首先把 $y$ 定為一個常數，把 $f$ 對 $x$ 微分，然後把微分的結果對 $y$ 再微分，此時是把 $x$ 當作常數。實際上的微分順序並不重要：$\partial^2 f/\partial x \partial y = \partial^2 f/\partial y \partial x$ 。

我們需要計算當 $x$ 變成 $x + \Delta x$ ，**以及** $y$ 變成 $y + \Delta y$ 時，$f(x, y)$ 的變化 $\Delta f$ 。我們假設在下面的整個演算中，$\Delta x$ 和 $\Delta y$ 都是無限小的：

$$
\begin{aligned}
\Delta f &= f(x + \Delta x, y + \Delta y) - f(x, y) \\
&= \underbrace{f(x + \Delta x, y + \Delta y) - f(x, y + \Delta y)}_{\Delta x \left(\dfrac{\partial f}{\partial x}\right)_y} + \underbrace{f(x, y + \Delta y) - f(x, y)}_{\Delta y \left(\dfrac{\partial f}{\partial y}\right)_x}
\end{aligned}
$$

$$(45.1)$$

以上最後的方程式，以 $\Delta x$ 和 $\Delta y$ 來表示 $\Delta f$ 的基本關係式。

現在來舉一個應用這個關係的例子，當溫度從 $T$ 變成 $T + \Delta T$ ，以及體積從 $V$ 變成 $V + \Delta V$ 時，讓我們來計算內能 $U(T, V)$ 的變化。套用 (45.1) 式，我們可以寫成

$$
\Delta U = \Delta T \left(\frac{\partial U}{\partial T}\right)_V + \Delta V \left(\frac{\partial U}{\partial V}\right)_T
\tag{45.2}
$$

在前一章，我們學到另一個內能 $\Delta U$ 變化的表示方法，把某個量的熱 $\Delta Q$ 加到氣體中時：

$$
\Delta U = \Delta Q - P \, \Delta V
\tag{45.3}
$$

比較 (45.2) 式和 (45.3) 式，我們乍看會以為 $P = -(\partial U/\partial V)_T$ ，但是這不對。要得到正確的關係，假設我們加某個量的熱 $\Delta Q$ 到氣體中，而且保持氣體的體積不變，所以，$\Delta V = 0$ 。套用 $\Delta V = 0$ ，(45.3) 式

就變成 $\Delta U = \Delta Q$，而(45.2)式則成為 $\Delta U = (\partial U/\partial T)_V \, \Delta T$，所以，$(\partial U/\partial T)_V = \Delta Q/\Delta T$。而 $\Delta Q/\Delta T$ 這個比率，是體積固定時，欲讓物質溫度上升 1 度所必須注入的熱量。這個比稱為**等體積時的比熱**，符號是 $C_V$。利用這個論證，我們證明

$$\left(\frac{\partial U}{\partial T}\right)_V = C_V \tag{45.4}$$

現在我們再加上某個量的熱 $\Delta Q$ 到氣體中，但這次我們保持溫度不變，而允許體積改變了 $\Delta V$。這個例子的分析比較複雜，但是我們可以套用卡諾的論證來計算 $\Delta U$，上一章已介紹過卡諾循環。

卡諾循環的壓力—體積圖，請見圖 45-1。先前說明過，在可逆循環中氣體所做的功總量，等於 $\Delta Q(\Delta T/T)$，此處 $\Delta Q$ 是在溫度 $T$ 等溫膨脹，體積從 $V$ 到 $V + \Delta V$ 時，加到氣體中的熱能的量。在循環中的第二段路程，氣體絕熱膨脹最後溫度是 $T - \Delta T$。現在，我

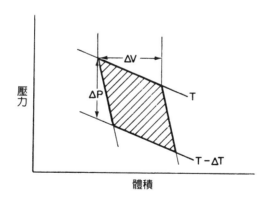

圖 45-1　卡諾循環的壓力—體積圖。標示 $T$ 和 $T - \Delta T$ 的曲線都是等溫線；比較陡的那兩條曲線是絕熱線。$\Delta V$ 是在固定溫度 $T$ 時，注入熱量 $\Delta Q$ 所造成的體積變化。$\Delta P$ 是在固定體積時，溫度由 $T$ 到 $T - \Delta T$ 所造成的壓力變化。

們要證明，所做的功也可以利用圖 45-1 中陰影部分的面積來代表。不管是什麼情況，氣體所做的功都是 $\int P\,dV$，當氣體膨脹時是正值，而當氣體收縮時是負值。假如我們用 $P$ 相對於 $V$ 作圖，$P$ 和 $V$ 的改變用一個曲線來代表，曲線上每個 $P$ 值對應於某個特定的 $V$ 值。當體積從一個值變成另外一個值時，氣體做功，$\int P\,dV$ 這個積分就是從開始到最後的 $V$ 值那條曲線下的面積。我們把這觀念套用到卡諾循環，並隨時留意氣體做功的正負號，就看出來一個循環之後，氣體所做的淨功，就是圖 45-1 中的陰影面積。

現在我們用幾何的方法來計算陰影的面積。我們在圖 45-1 的循環和在前一章所用的不同，區別在於我們現在假設 $\Delta T$ 和 $\Delta Q$ 無限小。這些絕熱線和等溫線非常靠近，當 $\Delta T$ 和 $\Delta Q$ 的增量接近零時，圖 45-1 中粗線畫出的區域就接近平行四邊形。這個平行四邊形的面積就是 $\Delta V\,\Delta P$，這裡的 $\Delta V$ 是能量 $\Delta Q$ 加進定溫氣體時的體積變化，$\Delta P$ 則是固定體積下、溫度改變 $\Delta T$ 時的壓力變化。很容易證明，圖 45-1 的陰影面積可以寫成 $\Delta V\,\Delta P$，因為我們看出這陰影面積等於圖 45-2 中由虛線所包圍的面積，也等於由 $\Delta V$ 和 $\Delta P$ 兩邊圍成的長方形，只要加上並減去圖 45-2 中的兩個相等三角形面積。

現在我們來總結各種論述到目前的成果：

$$氣體所做的功 \;=\; 陰影面積 \;=\; \Delta V\,\Delta P \;=\; \Delta Q\left(\frac{\Delta T}{T}\right)$$

或

$$\frac{\Delta T}{T}\cdot\big(當體積改變了\ \Delta V\ 時所需的熱\big)_{固定\,T}$$

$$=\Delta V\cdot\big(當溫度改變了\ \Delta T\ 時的壓力變化\big)_{固定\,V}$$

或

$$\frac{1}{\Delta V}\cdot\big(當體積改變了\ \Delta V\ 時所需的熱\big)_T \;=\; T(\partial P/\partial T)_V$$

(45.5)

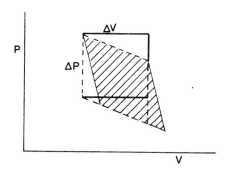

圖 45-2 陰影面積＝虛線圍繞的面積＝長方形面積＝$\Delta P \, \Delta V$。

(45.5)式列出卡諾論證的實質結果。整套熱力學都可以從(45.5)式，以及第一定律（說明在(45.3)式中）推導出來。(45.5)式實質上就是第二定律，雖然卡諾當初導出的形式略有不同，因為他沒有用我們定義的溫度。

接下來我們計算 $(\partial U / \partial V)_T$。內能 $U$ 會改變多少，假如我們讓體積改變了 $\Delta V$？首先，$U$ 會改變，是因為放熱進去了，其次，$U$ 會改變，是因為做了功。放進去的熱是

$$\Delta Q = T \left( \frac{\partial P}{\partial T} \right)_V \Delta V$$

根據(45.5)式，以及對氣體所做的功是 $-P \, \Delta V$。因此，內能的改變 $\Delta U$ 包括兩個部分：

$$\Delta U = T \left( \frac{\partial P}{\partial T} \right)_V \Delta V - P \, \Delta V \tag{45.6}$$

兩邊各除以 $\Delta V$，我們得知固定溫度 $T$ 下，$U$ 隨 $V$ 改變的變化率

$$\left( \frac{\partial U}{\partial V} \right)_T = T \left( \frac{\partial P}{\partial T} \right)_V - P \tag{45.7}$$

在我們的熱力學裡，其中 $T$ 和 $V$ 是僅有的變數，而且 $P$ 和 $U$ 是僅有的函數，(45.3) 式和 (45.7) 式就是基本方程式，從這兩個式子，與熱力學有關的所有結果（定理）都可以推導出來。

## 45-2　各種應用

我們現在來討論一下 (45.7) 式的意義，為什麼它能夠解答我們在上一章裡所提出的問題。我們來探討下面的問題：根據分子運動論，溫度的增加顯然會導致壓力的增加，因為原子撞擊在活塞上。基於同樣的物理原因，活塞向後移動時，熱就從氣體中被取走，而且為了要保持溫度不變，就必須再把熱放進去。氣體膨脹時變涼，氣體受熱壓力增加。這兩個現象之間必定存在著某種關係，明確的表示在 (45.7) 式裡面。假如我們讓體積固定，同時增加溫度，壓力以 $(\partial P/\partial T)_V$ 的比率上升。與這個事實有關的是：如果我們增加體積，氣體會冷卻，除非我們放進一些熱以維持溫度不變，$(\partial U/\partial V)_T$ 告訴我們要維持這個溫度所需的熱量。(45.7) 式呈現這兩個效應之間的基本相互關係。這就是我們承諾過，在討論到熱力學定律時所要找出的關係。我們並不知道氣體的內部機制，而只知道無法實現第二類的永恆運動，就推導出來，當「氣體膨脹時為了維持溫度不變所需要的熱」以及「在固定體積中加熱氣體時的壓力變化」這兩者之間的關係！

我們想知道的氣體情況已經有了，接下來探討橡皮筋的情況。我們把橡皮筋拉長時，發現它的溫度會上升，而橡皮筋加熱時，我們發現它會收縮。什麼樣的方程式可以表示這種關係，就像 (45.3) 式代表氣體的關係一樣？橡皮筋的情況如下：當加進熱 $\Delta Q$，內能改變了 $\Delta U$，同時做了某些功。唯一不同之處是，橡皮筋所做的功

是 $-F\,\Delta L$ 而不是 $P\,\Delta V$，此處 $F$ 是施加在橡皮筋上的力，而 $L$ 是橡皮筋的長度。力 $F$ 是溫度與橡皮筋長度的函數。把 (45.3) 式中的 $P\,\Delta V$ 用 $-F\,\Delta L$ 取代。我們得到

$$\Delta U = \Delta Q + F\Delta L \tag{45.8}$$

比較 (45.3) 式和 (45.8) 式，我們可以看出來，替換兩個字母就可得到橡皮筋方程式。此外，假如我們用 $L$ 取代 $V$，並用 $-F$ 取代 $P$，所有關於卡諾循環的討論都可以應用到橡皮筋上。我們可以立刻推導出來，例如，長度伸縮 $\Delta L$ 所需要的熱 $\Delta Q$，可用類似 (45.5) 式的公式來代表：$\Delta Q = -T(\partial F/\partial T)_L\,\Delta L$。這個方程式告訴我們，如果我們讓橡皮筋的長度固定，而加熱橡皮筋，當這個橡皮筋被拉長少許（$\Delta L$）時，我們可以計算出需要多少力，相當於需多少熱量，以維持溫度不變。所以，我們可以看到，同樣的方程式可以同時應用到氣體和橡皮筋。事實上，假如我們可以寫成 $\Delta U = \Delta Q + A\,\Delta B$，這裡的 $A$ 和 $B$ 代表不同的量，力與長度，或壓力與體積等等，我們可以把這個式子應用到氣體，只要把 $A$ 和 $B$ 用 $P$ 和 $V$ 來取代即可。舉例來說，考慮電池的電位差，也就是「電壓」$E$，以及移動通過電池的電荷 $\Delta Z$。我們知道，在可逆電池中（就像蓄電池組）所做的功是 $E\,\Delta Z$。（因為功沒有把 $P\,\Delta V$ 這一項包括在內，就要求電池必須保持體積不變。）讓我們來看看，熱力學是否能夠告訴我們電池的運作效能。假如在 (45.6) 式中，我們用 $E$ 來取代 $P$，而用 $Z$ 來取代 $V$，我們得到

$$\frac{\Delta U}{\Delta Z} = T\left(\frac{\partial E}{\partial T}\right)_Z - E \tag{45.9}$$

(45.9) 式是說，當電荷 $\Delta Z$ 移動穿過電池，內能 $U$ 就發生變化了。為什麼電池的電壓 $E$ 不就是 $\Delta U/\Delta Z$？（答案是，當電荷移動穿過電

池時，眞實的電池會變熱。電池的內能之所以改變，第一，是因爲電池對外面的線路做了一些功，第二，因爲電池被加熱。）值得注意的事情是，這第二個部分也可以再用電池電壓隨著溫度的變化來表示。順便一提，當電荷移動經過電池，化學反應發生，(45.9)式提供了巧妙的方法來測量產生化學反應所需要的能量。我們需要做的，只是組裝一個可以做功以供應化學反應的電池，測量電壓，以及不從電池取電時電壓如何隨溫度變化！

我們已經做了假設，電池的體積可以維持固定不變，因爲當我們假設電池所做的功等於 $E \, \Delta Z$ 時，我們忽略掉 $P \, \Delta V$ 這一項。結果發現，保持體積固定，在技術上非常困難。而要保持電池在固定的大氣壓力下，則比較容易。因爲這個原因，化學家不喜歡用我們在上面所寫出來的任何方程式：他們比較喜歡用描述固定**壓力**下的表現的方程式。在這一章開始時，我們選擇了把 $V$ 和 $T$ 當作是獨立的變數。然而，化學家比較喜歡採用 $P$ 和 $T$ 做爲變數，我們現在探討如何把到目前爲止所得到的結果，轉換成爲化學家系統的變數。記住，下面處理的方法可能會比較容易引起困惑，因爲我們是從 $T$ 和 $V$ 轉換成 $T$ 和 $P$。

我們從(45.3)式的 $\Delta U = \Delta Q - P \, \Delta V$ 開始：$P \, \Delta V$ 可以用 $E \, \Delta Z$ 或是 $A \, \Delta B$ 來取代。假如我們能夠把後面的一項的 $P \, \Delta V$ 換成 $V \, \Delta P$，那麼我們就可以成功把 $V$ 和 $P$ 交換，讓化學家感到高興。聰明的人定然已經知道，$PV$ 這個乘積的微分是 $d(PV) = P \, dV + V \, dP$，假如他把這個等式代進(45.3)式，可以得到

$$\begin{array}{rl}
\Delta(PV) = & P\Delta V + V\Delta P \\
\Delta U = & \Delta Q - P\Delta V \\
\hline
\Delta(U + PV) = & \Delta Q + V\Delta P
\end{array}$$

爲了要讓這個結果看起來很像(45.3)式，我們把 $U + PV$ 定義爲一個

新的東西，稱爲**焓**（enthalpy），$H$，並寫成 $\Delta H = \Delta Q + V\Delta P$。

現在，我們根據下面的規則：$U \to H$，$P \to -V$，$V \to P$，準備把我們的結果轉換成化學家的語言。例如，化學家所用的基本關係式不是(45.3)式，而是

$$\left(\frac{\partial H}{\partial P}\right)_T = -T\left(\frac{\partial V}{\partial T}\right)_P + V$$

現在應該已經很清楚，怎樣轉換成化學家常用的變數 $T$ 和 $P$ 了。我們現在再回到我們原來的變數：這一章接下來的討論中，將只使用 $T$ 和 $V$ 當作是獨立的變數。

現在我們來把已經得到的結果，應用到幾個物理情況中。首先探討理想氣體。從分子運動論，我們知道氣體的內能只隨著分子的運動和分子的數目而改變。內能與 $T$ 有關，與 $V$ 無關。如果我們改變 $V$，但是讓 $T$ 固定，$U$ 就不會改變。所以，$(\partial U/\partial V)_T = 0$，而且 (45.7)式告訴我們，對理想氣體來說，

$$T\left(\frac{\partial P}{\partial T}\right)_V - P = 0 \tag{45.10}$$

(45.10)式這個微分方程式可以告訴我們 $P$ 的情況。我們採用下面形式做偏微分：由於是在 $V$ 固定的情形下偏微分，我們將用普通微分來取代偏微分，但明確的寫出來「$V$ 是常數」，以提醒自己。那麼，(45.10)式就變成

$$T\frac{\Delta P}{\Delta T} - P = 0; \qquad 常數 V \tag{45.11}$$

我們可以把它積分，得到

$$\begin{aligned} \ln P &= \ln T + 常數; \qquad 常數 V \\ P &= 常數 \times T; \qquad 常數 V \end{aligned} \tag{45.12}$$

我們知道理想氣體的壓力等於

$$P = \frac{RT}{V} \tag{45.13}$$

這與(45.12)式相符合，因爲 $V$ 和 $R$ 都是常數。既然我們已經知道結果，爲什麼還要這麼麻煩計算這些？因爲我們在用的**「溫度的獨立定義」有兩種**！

當初，我們曾經假設分子的動能與溫度成正比，這個假設定義了一個溫標，我們稱爲理想氣體溫標。(45.13)式中的 $T$ 就是根據氣體溫標。在氣體溫標所測量的溫度，我們也稱爲**動力**溫度（kinetic temperature）。後來，我們用第二種方式來定義溫度，跟物質完全無關。根據第二定律的論證，我們定義爲「偉大熱力學的絕對溫度」$T$，就是出現在(45.12)式中的 $T$。在這裡我們證明了理想氣體的壓力（定義爲內能不會隨著體積改變的那一種壓力）與偉大熱力學絕對溫度成正比。我們也知道，壓力與在氣體溫標測得溫度成正比。所以我們能夠推斷，動力溫度與「偉大熱力學絕對溫度」成正比。意思是，假如我們（兩個定義都）合情合理，兩個溫標會一致。目前這個例子，當初選這兩個溫標，就是要讓它們一致；當初選定兩者的比例常數是 1 。這樣做通常是自找麻煩，但是在這個例子中，卻達到了讓它們相等的目的！

## 45-3 克勞修斯─克拉伯隆方程式

探討液體蒸發，也可以應用我們所推導出的結果。假設我們在圓筒中裝有一些液體，可以推動活塞予以壓縮。我們問：「如果我們讓溫度保持不變，壓力怎樣隨著體積變化？」換句話說，我們是想在 $P$-$V$ 的圖形上畫一條等溫線。圓筒中的物質不是先前探討的理

想氣體；它現在可能是液相或是氣相，或者是兩者都有。假如我們施以足夠的壓力，物質將會凝聚成為液體。此刻，如果我們更用力擠壓，體積改變很少，我們的等溫線會隨著體積的下降而急速上升，就像圖 45-3 中左側所顯示的一樣。

假如我們把活塞向外拉、增加體積，壓力跟著下降，一直到液體開始沸騰的地步，然後蒸汽開始形成。如果我們再繼續把活塞向外拉，只會有更多的液體蒸發。圓筒中部分是液體、部分是氣體時，這兩個相是在平衡狀態 —— 液體在蒸發，蒸汽則以同樣的速率在凝聚。假如我們提供蒸汽更多的空間，就需要更多的蒸汽來維持那個壓力，因此需要更多一點的液體蒸發，使壓力仍維持不變。圖 45-3 中，曲線的平坦部分的壓力不變，此處的壓力值稱為**在溫度 T 的蒸汽壓**。如果我們繼續增加體積，到了某個時刻就會沒有液體可以蒸發。這時，如果我們再繼續讓體積膨脹，壓力會類似一般氣體一樣下降，就像在 *P-V* 圖中右側所表示的一樣。圖 45-3 中較下面

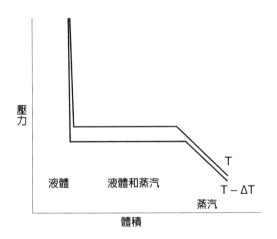

圖 45-3　圓筒中可凝蒸汽受壓縮的等溫線。左：物質是在液相。右：物質蒸發。中：液體和蒸汽同存在於圓筒中。

的曲線是在稍低溫度 $T - \Delta T$ 的等溫線。在這溫度，液相的壓力稍微減少，因為液體隨著溫度的增加而膨脹（對大多數物質而言，但是接近凝固點的水例外），而且，在較低溫度時，蒸汽壓當然會比較低。

　　我們現在要把兩個等溫線平坦部分的兩端連接成為一個循環（譬如說用絕熱線），如圖 45-4 所示。我們用卡諾論證，它告訴我們，把物質從液體變成蒸汽的熱，與物質經過一個循環所做的功彼此相關。把圓筒中物質蒸發所需要的熱，稱為 $L$。如同對照導出 (45.5) 式的論證，我們知道，$L(\Delta T/T)$ = 物質所做的功。像以前一樣，物質所做的功等於陰影部分，大約等於 $\Delta P(V_G - V_L)$，這裡的 $\Delta P$ 就是在兩個溫度 $T$ 和 $T - \Delta T$ 的蒸汽壓之差，$V_G$ 是氣體的體積，而 $V_L$ 是液體的體積，兩個體積都是在溫度 $T$ 的蒸汽壓下測量的。設這兩個面積方程式相等，我們得到 $L(\Delta T/T) = \Delta P(V_G - V_L)$，就是

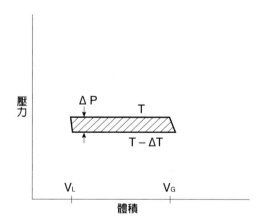

圖 45-4　圓筒中可凝蒸汽進行卡諾循環的壓力—體積圖。圖左方，物質是在液態。在溫度 $T$，加進某個量的熱 $L$，以使液體蒸發。溫度從 $T$ 改變到 $T - \Delta T$ 時，蒸汽絕熱膨脹。

$$\frac{L}{T(V_G - V_L)} = (\partial P_{蒸汽}/\partial T) \qquad (45.14)$$

(45.14)式是「蒸汽壓隨溫度的變化率」以及「液體蒸發所需要的熱的量」兩者之間的關係。這個關係是卡諾所推導出來的，但是卻稱爲克勞修斯－克拉伯隆方程式（Clausius-Clapeyron equation）

　　現在，我們把(45.14)式和從動力學導出來的結果相比較。通常 $V_G$ 比 $V_L$ 大得多。所以在每莫耳的 $V_G - V_L \approx V_G = RT/P$。假若我們更進一步假設，$L$ 是不隨溫度變化的常數（不是非常好的近似），那麼我們將獲得 $\partial P/\partial T = L/(RT^2/P)$。這個微分方程式的解答是

$$P = 常數\, e^{-L/RT} \qquad (45.15)$$

我們拿來比對早先從分子運動論導出的壓力隨溫度的變化。分子運動論隱約指出，在液體之上的蒸汽分子數目有可能是

$$n = \left(\frac{1}{V_a}\right) e^{-(U_G - U_L)/RT} \qquad (45.16)$$

此處的 $U_G - U_L$ 是每莫耳氣體的內能減去每莫耳液體的內能，也就是讓一莫耳的液體蒸發所需要的能量。來自熱力學的(45.15)式和來自分子運動論的(45.16)式關係非常密切，因爲壓力是 $nkT$，可是這兩個式子卻又不完全相同。但是如果我們假設 $U_G - U_L = 常數$，而非 $L = 常數$，這兩個式子就完全相等。假若我們假設 $U_G - U_L = 常數$，而且獨立於溫度，那麼推導(45.15)式的論證，也可以得到(45.16)式。由於體積變化的時候，壓力會維持固定不變，內能 $U_G - U_L$ 的變化等於放進 $L$ 的熱減去所做的功 $P(V_G - V_L)$，所以 $L = (U_G + PV_G) - (U_L + PV_L)$。

這個比較，可以顯示熱力學相對於分子運動論的優點和缺點：首先，從熱力學所得到的(45.14)式是精確的式子，而(45.16)式卻只是一種近似，因為需假設 $U$ 接近於常數，並且假設這個模型是對的。其次，我們對氣體如何轉變成液體的瞭解可能並不正確；(45.14)式仍然是對的，而(45.16)僅是一個近似。第三，雖然我們的討論適用於某氣體凝聚成液體，但是這個論證也適用於任何其他態之間的轉變。舉例來說，固體轉變成液體，具有類似圖 45-3 和圖 45-4 的那種曲線。在固體熔化成液體的情況中引進潛熱 $M$ / 莫耳，我們可以得到類似於(45.14)式的公式，也就是 $(\partial P_{熔化}/\partial T)_V = M/[T(V_{液體} - V_{固體})]$。雖然我們可能不瞭解熔化過程的分子運動論，我們還是得到了正確的方程式。然而，一旦我們**能夠**理解分子運動論，有另外的好處。(45.14)式只是一個微分關係，我們無法得到積分常數。在分子運動論中，假如我們有個完整能描述該現象的好模型，我們也能夠得到常數。

　　所以，熱力學與分子運動論各有優點和缺點。當我們知識有限，而且情況又複雜時，熱力學的各種關係式最能展現其威力。在情況非常簡單，並且可以做理論上的分析時，那麼最好還是試著用理論分析，以得到較多的信息。

　　再舉一個例子：黑體輻射。我們討論過一個盒子，這盒子只含有輻射，其他沒有別的東西。我們談到振子與輻射之間的平衡。而且我們也學到，光子撞擊盒壁會施以壓力 $P$，我們得知 $PV = U/3$，此處 $U$ 是所有光子的總能量，$V$ 則是盒子的體積。假如我們把 $U = 3PV$ 代進基本公式(45.7)式，得到*

$$\left(\frac{\partial U}{\partial V}\right)_T = 3P = T\left(\frac{\partial P}{\partial T}\right)_V - P \qquad (45.17)$$

因爲盒子的體積固定，我們可以用 $dP/dT$ 取代 $(\partial P/\partial T)_V$，得到可以積分的常微分方程式：$\ln P = 4 \ln T +$ 常數，也就是 $P =$ 常數 $\times T^4$。輻射壓力隨著溫度的四次方而改變，輻射的總能量密度 $U/V = 3P$ 也隨著 $T^4$ 改變。這通常寫成 $U/V = (4\sigma/c)T^4$，此處 $c$ 是光速，而 $\sigma$ 稱爲**斯特凡—波茲曼常數**。光靠熱力學無法得到 $\sigma$ 的值。關於熱力學的優勢和弱點，這是一個非常好的例子。能知道 $U/V$ 隨著 $T^4$ 改變，是一大成就，但是要知道在任何溫度 $U/V$ 到底是多少，唯有完整的理論才能提供必要的細節。針對黑體輻射，我們有這樣的理論，能夠推導出常數 $\sigma$ 的式子，過程如下。

讓 $I(\omega)\,d\omega$ 代表強度分布，也就是在 1 秒內，以 $\omega$ 與 $\omega + d\omega$ 之間的頻率，流過 1 平方公尺的能量。能量密度分布 = 能量/體積 $= I(\omega)\,d\omega/c$，是

$$\frac{U}{V} = \text{總能量密度}$$

$$= \int_{\omega=0}^{\infty} \omega \,和\, \omega + d\omega \,之間的能量密度$$

$$= \int_0^{\infty} \frac{I(\omega)\,d\omega}{c}$$

從前面的討論，我們知道

$$I(\omega) = \frac{\hbar\omega^3}{\pi^2 c^2 (e^{\hbar\omega/kT} - 1)}$$

*原注：在 $(\partial P/\partial V)_T = 0$ 的情況，因爲要讓振子在某特定溫度下保持平衡，不管盒子體積大小，振子附近的輻射必須一樣。因此盒內光子的總量必須與盒子的體積成正比，所以每單位體積的內能，以及壓力，都只取決於溫度。

用這個式子取代 $U/V$ 方程式中的 $I(\omega)$，我們得到

$$\frac{U}{V} = \frac{1}{\pi^2 c^3} \int_0^\infty \frac{\hbar \omega^3 \, d\omega}{e^{\hbar \omega / kT} - 1}$$

假如代進 $x = \hbar \omega / kT$，式子就變成

$$\frac{U}{V} = \frac{(kT)^4}{\hbar^3 \pi^2 c^3} \int_0^\infty \frac{x^3 \, dx}{e^x - 1}$$

我們可以畫一個曲線，計算曲線下面的方塊的面積，就得到這個積分的近似值。大約是 6.5 。我們當中的數學高手可以算出，積分的值剛好是 $\pi^4/15$ 。★ 把這個程式和 $U/V = (4\sigma/c)T^4$ 相比較，我們得知

$$\sigma = \frac{k^4 \pi^2}{60 \hbar^3 c^2} = 5.67 \times 10^{-8} \frac{\text{瓦特}}{(\text{公尺})^2 \, (\text{度})^4}$$

　　假如我們在盒子上開一個小洞，每秒鐘有多少能量會流過這個單位面積的洞？從能量密度計算能量流動，我們把能量密度 $U/V$ 乘上 $c$。我們也要乘上 $\frac{1}{4}$，這是由於：第一，第一次除以 2，因為只

★原注：因為 $(e^x - 1)^{-1} = e^{-x} + e^{-2x} + \cdots\cdots$，這個積分是

$$\sum_{n=1}^\infty \int_0^\infty e^{-nx} x^3 \, dx$$

但是 $\int_0^\infty e^{-nx} \, dx = 1/n$，而且對 $n$ 的三次微分得到 $\int_0^\infty x^3 e^{-nx} \, dx = 6/n^4$，所以積分值是 $6(1 + \frac{1}{16} + \frac{1}{81} + \cdots\cdots)$，只要頭幾項就可以得到很好的估計值。在第 50 章，我們將設法證明整數四次方倒數的總和，實際上是 $\pi^4/90$。

有流**出去**的能量可以逃逸;第二,再次除以 2 ,因爲能量接近小洞時,跟法線方向成一個角度,穿越的效能要乘上餘弦,其平均值是 $\frac{1}{2}$ 。現在我們就明白寫成 $U/V = (4\sigma/c)T^4$ 的理由是,終於可以說,穿越小洞的通量是每單位面積 $\sigma T^4$ 。

# 第46章
## 棘輪與卡爪

## 46-1 棘輪如何做功

在這一章我們討論一個非常簡單的裝置：棘輪（ratchet）搭配卡爪（pawl），它的軸只能往一個方向轉動。限制東西只有一種轉動方向的可能，需要詳細和小心的分析一些非常有趣的現象。

當初規劃討論這個主題，是打算從分子或運動的觀點，舉個簡單初等的裝置來解釋，從一個熱機中抽取出的功有個最大極限來。當然，我們已經看過卡諾論證的精髓，但是仍然希望有簡單初等的解釋，讓我們可以看到實際上發生的情形。導自牛頓定律的複雜數學證明，能夠說明當熱從某個地方流向另外一個地方時，我們只能夠得到某些量的功，但是想把這個數學證明轉換成為初等的解說，卻非常困難。總而言之，就是我們並不瞭解這套證明，雖然數學的推導有脈絡可循。

在卡諾的論證中，從某個溫度到另外一個溫度，抽取的功不可能超出某個量，這個事實是由另一個公設所推論出來的；而這個公設是，假若每一樣東西的溫度都一樣，熱不可能經由某個循環過程而轉換成為功。首先，讓我們起碼看一個初等的例子，為什麼這個比較簡單的說明是正確的。

讓我們來造一個肯定會違反熱力學第二定律的裝置，所有東西溫度都相同時，這玩意將會從熱庫產生功。比如說，我們有一盒某溫度氣體，盒子中有一個帶輪葉的輪軸。（請見圖 46-1，但讓溫

原注：這一章的評論分析，請見 Parrando and Espanol, Am. J. Phys. **64**, 1125 (1996)。

度 $T_1 = T_2 = T$。）因為氣體分子對輪葉的撞擊，造成輪葉振盪、快速輕微搖動。接下來，我們只需在軸的另外一端掛上一個只往一個方向轉動的輪子，也就是一組棘輪和卡爪。當軸試著向一個方向急速搖動時，定然轉不動，但是當它向另外一個方向急速搖動時，卻可以轉動。然後輪子慢慢開始轉動，我們甚至可以用一根線把跳蚤綁在軸上的鼓輪，把跳蚤吊起來！現在我們要問，這可能嗎？根據卡諾的假說，這是不可能的。但是如果我們只盯著它看，**第一眼看起來**，這又似乎可能。所以我們必須要仔細瞧瞧。果然，如果我們用心檢視棘輪和卡爪，可以看出來許多複雜的東西。

　　首先，我們的理想棘輪應該愈簡單愈好，但是即使如此，還要有個卡爪，卡爪中必然有一個彈簧。卡爪每次轉過一齒，就必須彈回去，所以需要一個彈簧。

　　這組棘輪和卡爪還有另外一個特徵，圖上沒有畫出來，但是十分重要。假設這個裝置是用完全彈性的零件所組成的。在卡爪舉起

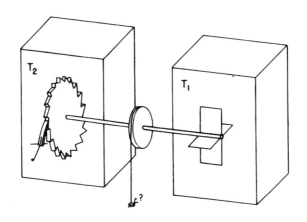

圖 46-1　棘輪和卡爪組成的機器

超過棘齒的尾端時，會被彈簧向內推回去，卡爪打在棘齒上而彈起再落下，如此繼續反彈多次。那麼，當下一個擾動來臨時，卡爪彈起的一瞬間，棘齒可能剛好跑到卡爪的下面，輪子就可能轉向另外一個方向！所以，維持我們輪子不可逆的一個重要條件是阻尼，也就是阻止反彈的消緩機制。當阻尼作用時，當然，卡爪中的能量會傳到輪子上，而且以熱的型式呈現。所以，輪子轉動時，會愈來愈熱。為了把事情簡化，我們可以把氣體放在輪子的周圍，吸收一些熱。反正我們就說氣體的溫度隨著輪子不斷上升。這個動作會永遠持續嗎？不會！卡爪和輪子兩者都在某一個溫度 $T$，也有布朗運動。布朗運動會使得卡爪三不五時自己舉起來越過棘齒時，碰巧就在那一瞬間，輪葉的布朗運動正好把輪軸向後轉動。當變得比較熱時，這種情況發生的次數也就愈多。

這個裝置不會做永恆運動就是這個理由。當輪葉受到撞擊，卡爪有時會舉起來越過棘齒尾端。但是有的時候，當輪葉試著轉向另外一邊時，卡爪剛好因為輪子這邊的各種擾動而舉起，使得輪子又轉回另外一個方向！淨結果等於零。當兩邊的溫度相等，輪子就沒有淨平均運動，這不難證明。當然輪子會忽而轉向這邊，忽而轉向另外一邊來回晃動，但是輪子不會像我們所希望的一樣，只朝一個方向轉動。

讓我們來看看是什麼原因。必須對抗彈簧做功，以便把卡爪舉起到某個棘齒的上面。我們稱這個能量是 $\epsilon$，並且讓棘齒之間的角度是 $\theta$。這個系統可以累積足夠的能量 $\epsilon$、把卡爪舉起跨過棘齒的機率是 $e^{-\epsilon/kT}$，但是卡爪意外被舉起跨過棘齒的機率也是 $e^{-\epsilon/kT}$。所以，卡爪舉起輪子能夠往回轉動的次數，等於當卡爪在棘齒間又有足夠的能量讓輪子向前轉的次數。於是，我們得到一種「平衡」，因此輪子不會轉圓圈。

## 46-2 棘輪做為引擎

讓我們更進一步探討。舉以下的例子：溫度為 $T_1$ 的輪葉，以及溫度為 $T_2$ 的輪子，也就是棘輪，而且 $T_2$ 比 $T_1$ 小。因為輪子是冷的，所以卡爪的擾動也相對少發生，卡爪就很難獲得能 $\epsilon$。因為 $T_1$ 是比較高的溫度，輪葉經常可以獲得能量 $\epsilon$，所以我們這小裝置會如設計的一樣，只向一個方向轉動。

我們想知道這個小機器是否可以舉起有重量的東西。我們在中間的鼓輪綁上一根線，並且把一個砝碼，例如前面所說的跳蚤，繫在線上。我們設 $L$ 是由砝碼所產生的力矩。如果 $L$ 不是太大，我們的機器就可以把砝碼舉起，因為布朗擾動使得機器偏向某一個方向轉動。我們想知道機器能夠舉起的重量是多大，它能夠轉動得有多快等等。

首先我們考慮向前轉的運動，通常是我們設計讓棘輪進行的方向。為了要轉過一個棘齒，需要從輪葉末端借多少能量？我們必須借能量 $\epsilon$，以便把卡爪舉起來。輪子以力矩 $L$ 轉過一個角度 $\theta$，所以我們也需要能量 $L\theta$。因此，我們必須要借的總能量是 $\epsilon + L\theta$。而我們能夠得到這個能量的機率，與 $e^{-(\epsilon+L\theta)/kT_1}$ 成正比。實際上，問題不只是得到能量，我們也希望知道每秒鐘能夠具有這個能量的次數。每秒鐘的機率是與 $e^{-(\epsilon+L\theta)/kT_1}$ 成正比，並且我們稱這個比例常數是 $1/\tau$。它反正最後會被抵消掉。向前移動一個棘齒時，對砝碼所做的功是 $L\theta$。從輪葉所獲得的能量是 $\epsilon + L\theta$。彈簧得到能量 $\epsilon$ 而被壓縮，然後當它嘎啦、嘎啦、砰，彈回來時，能量就轉換成了熱。所有取出來的能量都用來舉起砝碼並驅動卡爪，然後卡爪恢復原狀，而且把熱送到另外一邊。

　　現在我們來看相反的例子：往反方向的運動，會是什麼情況？如果要讓輪子倒轉，我們只要能夠供給能量，讓卡爪舉得夠高，棘輪就可以打滑。這個能量還是 $\epsilon$。我們每秒鐘能夠讓卡爪舉到這麼高的機率，現在是 $(1/\tau)e^{-\epsilon/kT_2}$。我們的比例常數不變，但這次是 $kT_2$，因為溫度不同。當這種情況發生時，功被釋放出來，因為輪子向後滑。它向後退一個棘齒，因此釋放出功 $L\theta$。從棘輪系統取得的能量是 $\epsilon$，輸送給輪葉那邊溫度 $T_1$ 下的氣體的能量是 $L\theta + \epsilon$。只要稍微想一下，就可以知道原因。假設卡爪因為擾動，意外的把自己舉起來，那麼當卡爪彈回來，而且彈簧把它推向棘齒，會有一個力嘗試轉動輪子，因為棘齒是在一個傾斜的面上推。這個力在做功，所繫砝碼而產生的力也在做功。兩者合在一起形成總力，而所有緩慢釋出的能量，以熱的形式呈現在輪葉那一端。（根據能量守恆，這是必然的，但是我們仍必須仔細的把事情邏輯想清楚！）

　　我們注意到，所有這些能量完全相等，但是正負號相反。所以，全看這兩個比率哪一個比較大而定，砝碼要嘛就是慢慢升起，要嘛就是緩慢降下。當然，它會不停的小幅運動，一會兒上去，一會兒下來，但是我們討論的重點是平均的行為。

　　假設對特定的砝碼來說，（向上和向下）兩個比率恰好相等。那麼我們在線上再加上一個無限小的重量。則重物會慢慢下降，因此會對機器做功。能量會從輪子取走，傳送給輪葉。反之，假如我們從砝碼取走無限小的重量，就會打破平衡，輪子就向另外一個方向轉動。重量被舉起，熱從輪葉上被取走，並且送到輪子上。

　　倘使砝碼重量恰好能夠讓兩個比率相等，我們就得到卡諾可逆循環的情況。這個情況明顯就是 $(\epsilon + L\theta)/T_1 = \epsilon/T_2$。先看機器慢慢把重量舉起的情形。能量 $Q_1$ 是從輪葉獲得的能量，而能量 $Q_2$ 則送到輪子，而且這兩個能量的比是 $(\epsilon + L\theta)/\epsilon$。砝碼往下降的情形，

也同樣獲得 $Q_1/Q_2 = (\epsilon + L\theta)/\epsilon$。所以（請見表46-1）我們得到

$$Q_1/Q_2 = T_1/T_2$$

此外，我們所取得的功與從輪葉得到的能量相比，就等於是 $L\theta$ 與 $L\theta + \epsilon$ 相比，所以是 $(T_1 - T_2)/T_1$。我們因此知道，我們的裝置不能抽出比這可逆運作更多的功，這是採用卡諾論證所預料的結果，而且也是這堂課的主要心得。然而，我們可以利用我們的裝置來瞭解一些其他現象，甚至是不平衡的狀態，如此就會超出熱力學的範圍。

現在讓我們來計算一下，我們的單向裝置能夠轉動得**多快**，假

### 表46-1　棘輪和卡爪運作摘要

| | | |
|---|---|---|
| **向前轉**：需要從輪葉獲得能量 | $\epsilon + L\theta$ | $\therefore$比率 $= \dfrac{1}{\tau} e^{-(L\theta+\epsilon)/kT_1}$ |
| 　　　　從輪葉取得 | $L\theta + \epsilon$ | |
| 　　　　做功 | $L\theta$ | |
| 　　　　送給棘輪 | $\epsilon$ | |
| **向後轉**：卡爪需要能量 | $\epsilon$ | $\therefore$比率 $= \dfrac{1}{\tau} e^{-\epsilon/kT_2}$ |
| 　　　　從棘輪取得 | $\epsilon$ | |
| 　　　　釋出功 | $L\theta$ | 和上面相同，除了正負號相反 |
| 　　　　送給輪葉 | $L\theta + \epsilon$ | |

假如系統是可逆的，兩個比率相等，所以　$\dfrac{\epsilon + L\theta}{T_1} = \dfrac{\epsilon}{T_2}$

$\dfrac{\text{送到棘輪的熱}}{\text{來自輪葉的熱}} = \dfrac{\epsilon}{L\theta + \epsilon}$　　　所以　$\dfrac{Q_2}{Q_1} = \dfrac{T_2}{T_1}$

如每樣東西都在同樣溫度，而且鼓輪上懸掛了一個砝碼。如果我們非常、非常用力的拉，當然會發生各種複雜的情況：卡爪滑過棘輪、彈簧斷掉或是其他情況。但假設我們是輕輕拉，使得每樣東西都正常運作。在這個情況下，先前對輪子正向和反向轉動的機率的分析就都是正確的，如果我們記得兩個溫度要相等。每轉動一齒，就會轉過一個角度 $\theta$，所以角速度是 $\theta$ 乘上每秒鐘向前或向後跳的機率。向前的機率是 $(1/\tau)e^{-(\epsilon+L\theta)kT}$，而向後的機率則是 $(1/\tau)e^{-\epsilon/kT}$，所以就角速度而言，我們有

$$
\begin{aligned}
\omega &= (\theta/\tau)(e^{-(\epsilon+L\theta)/kT} - e^{-\epsilon/kT}) \\
&= (\theta/\tau)e^{-\epsilon/kT}(e^{-L\theta/kT} - 1)
\end{aligned}
\tag{46.1}
$$

假如我們用 $\omega$ 相對於 $L$ 作圖，會得到像圖 46-2 中所示的曲線。我們可以看出來，$L$ 的值是正是負，會造成很大的差異。如果

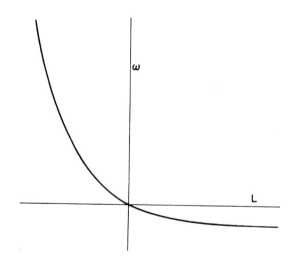

圖 46-2　棘輪的角速度，是力矩的函數。

$L$ 是在正的範圍之內增加（當我們驅使輪子反向轉動時），那麼反向速度會趨近於一個常數。當 $L$ 變成負值時，ω 會真正向前「快速前進」，因為 $e$ 的高次方乘冪值上升很快！

　　因此不同的力所產生的角速度非常不對稱。向其中一個方向轉動比較容易；只要用一點小力，我們就可以得到非常大的角速度。而向另外一個方向轉動時，就算用很大的力氣，輪子還是幾乎不轉動。

　　在**整流器**中，我們也可以發現同樣的情形，只是力換成電場，角速度換成電流而已。在整流器的例子中，電壓不與電阻成正比，而且情況是不對稱的。我們當初對力學整流器所做的分析同樣也適用在電的整流器。事實上，我們在上面所得到的公式是整流器載流電容寫成電壓的函數的常見型式。

　　現在讓我們把所有的重量移走，探討原來的機器。假如 $T_2$ 比 $T_1$ 小，棘輪會向前轉，就像每個人所想的一樣。相反方向的情況，乍看之下，卻令人難以置信。假如 $T_2$ 大於 $T_1$，棘輪會朝著反方向轉動！一個活動的棘輪具有大量的熱時，自己會向後轉動，因為棘輪和卡爪都在跳動。假如有那麼一剎那，卡爪是在某處的斜面上，它推動斜面轉向一邊，使得棘輪轉動。但卡爪**一直**是在某個斜面上推，因為如果它舉起得夠高，高過一個齒尖，那麼斜面就滑了過去，而且卡爪會再下到一個斜面。所以，熱的棘輪和卡爪配合得剛剛好，讓它能夠恰好朝著原來設計方向的相反方向轉動！

　　不論我們如何巧妙的設計，假如棘輪和輪葉的溫度恰好相等，整個系統不再傾向朝任一方向轉。在我們注視輪子的那一刻，它可能正朝著某個方向轉動，但是經過一段長時間以後，它並沒有真正的變動。系統沒有真正具體的改變，這就是熱力學整體的深奧基礎原理。

## 46-3 力學中的可逆性

　　如果各處都保持相同溫度，我們的小裝置終究還是沒動，既沒向右轉，也沒向左轉，這裡面透露什麼深奧的力學原理？很顯然，我們有一個基本的認知，就是很長的時間不去碰它，卻偏好向某一個方向轉的那種機器，我們根本設計不出來。我們一定要探討力學定律如何推導出這一點。

　　力學定律是這樣說的：質量乘上加速度等於力，而且每一個粒子所受的力是所有其他粒子位置的複雜函數。尚有其他的情況是，力隨著速度而改變（例如在磁學中），但是我們現在不必考慮。我們選擇一個簡單的例子，譬如重力，只隨著位置而改變。現在假設，我們已經解開一組運動方程式，每個粒子都具有某一種運動 $x(t)$。系統夠複雜，解答也將非常複雜，它隨著時間改變的結果可能十分令人驚訝。假如我們喜歡這些粒子有某種空間排列，只要等得夠久，就會看到。粒子的運動方程式的解，只要我們觀察得夠久，就會看到它嘗試各種可能的情況，可以這麼說。在最簡單的裝置，不是絕對會發生，但是當系統夠複雜，有足夠數目的原子，這種情況就發生。從運動方程式的解答，還可以瞭解一些別的事情。我們解運動的方程式，可能會得到某些函數，比如 $t + t^2 + t^3$。我們可以主張，另一個解是 $-t + t^2 - t^3$。換句話說，假如我們用 $-t$ 取代解中所有的 $t$，我們得到同方程式的另一個解。事實告訴我們，用 $-t$ 取代原來微分方程式中的 $t$，沒有東西會改變，因為原來的微分方程式只看對 $t$ 的二次微分結果。意思是說，假如我們有某一種運動，那麼完全相反的運動也可能發生。倘若我們等得夠久，那時系統非常混亂，系統有時往某方向，有時又往反方向。各種可能

的運動方式中，並沒有哪一個比別的更理想。因此，如果系統夠複雜，不可能把它設計成，到後來只偏好以某個方式運作。

我們可以找出一個例子，明顯跟以上主張相違。比如說，取一個輪子，讓它在空間自旋，它會一直以同樣的方向旋轉。所以的確有一些情況，像是角動量守恆，違反了上面的論證。但這只是提醒我們，做相關論述要更嚴謹：或許牆壁會接收角動量，或是類似的事情，使得系統中沒有特別的守恆定律。因此，只要系統夠複雜，以上論證就成立，因為力學定律是可逆的，這是事實。

本著對歷史的興趣，我們要解釋一下馬克士威（首先研究出氣體動力論的人）所發明的一個裝置。他假設以下的情況：我們有兩盒氣體在同樣的溫度下，兩個盒子之間有一個小洞。洞上坐著一個小精靈（當然也可能是一個機器！）。在洞上有一個門，由這個精靈操縱開關。他監視從左邊過來的分子。每當他看到一個快速的分子，他就把門打開。當他看到慢分子時，他就讓門維持關著。如果我們要他有額外本領，他的腦袋後面也可以長了眼睛，對來自另外一側的分子做相反的事情。也就是他讓慢分子通過、到左邊去，而快分子則留在右邊。很快的，左邊將會變冷，而右邊變熱。然而，有這種精靈的想法是否違反了熱力學定律，我們可能有這樣一位精靈把關嗎？

結果是，如果我們做的精靈有具體大小（不是無窮小），精靈自己也逐漸升溫，不久之後他就什麼都看不清楚了。最簡單、可行的精靈，舉例來說，是用彈簧遮住洞口的活門。快速分子可以穿過，因為它能夠衝開活門。而慢分子不但沒有辦法過去，還被彈了回來。但是這只不過是另外一種形式的棘輪和卡爪，而且機器最後會熱起來。如果我們假設，精靈的比熱不是無窮大，他必定會變熱，而因為內部的齒輪和輪子的數目是有限的，所以他無法去掉從

觀察分子所獲得的額外熱量。很快的，由於布朗運動的關係，他開始搖動，他再也分不清自己從哪裡來，往哪裡去，更談不上他知不知道分子從哪裡來，往哪裡去，因此他就失去了作用。

## 46-4 不可逆性

是不是所有的物理定律都具有可逆性？顯然不是。只要試著把打散的蛋再還原，你就知道了！讓電影的帶子逆向放映，不消幾分鐘，大家就開始發笑。所有現象最自然的性質是，它們明顯具有不可逆性。

不可逆性是從哪裡來的呢？它不是出自牛頓定律。假如我們主張，每樣東西的行為都能夠透過物理定律而澈底瞭解，而且所有的方程式都具備優良性質，使得代換入 $t = -t$，會得到另外一個解，那麼每一個現象就都是可逆的。可是，為什麼在自然界大尺寸的事物卻不可逆？很顯然，必定存在著某種定律，某種模糊、但卻很基礎的方程式（或許是在電學中，也有可能是在微中子物理中），在其中時間的走向**的確**很重要。

現在讓我們來討論一下這個問題。我們已經知道了其中的一個定律，就是熵不斷在增加。假如我們有一個熱的東西和一個冷的東西，熱會從熱的東西轉移到冷的東西。因此熵的定律就是合乎以上要求的一個定律。但是我們期待力學的觀點能幫我們理解熵的定律。事實上，「僅靠力學的論證，熱不能自己反向流動」，我們剛才已經得到該論證的所有結果，所以我們得到了對第二定律的理解。很明顯，我們可以從可逆的方程式得到不可逆性。但是我們用到的**只不過**是力學論證嗎？讓我們更深入的來看看。

因為我們的問題和熵有關，我們的難題是要找出熵的微觀描

述。假如我們說在某些東西中（例如氣體）有某些量的能量，我們對它有微觀的瞭解，而且能夠說，每一個原子都具有某些能量。所有的這些能量加在一起，我們得到一個總能量。同樣的，可能每一個原子也都具有某個量的熵。如果我們把所有的熵相加在一起，就能夠獲得一個總熵。但是這想法行不通，讓我們來看看是什麼原因。

舉例來說，我們來計算一下「某溫度下、具有某體積的氣體」與「在同樣溫度下、不同體積的另一氣體」兩者之間熵的差。我們記得，在第 44 章中，熵的變化如下：

$$\Delta S = \int \frac{dQ}{T}$$

在目前這個例子，氣體的能量在膨脹前後相同，因為溫度沒有改變。所以我們必須加入足夠的熱，來平衡氣體所做的功，也就是氣體為了體積上的每一個小變化所做的功。

$$dQ = P\,dV$$

用這來取代 $dQ$，我們得到

$$\Delta S = \int_{V_1}^{V_2} P\,\frac{dV}{T} = \int_{V_1}^{V_2} \frac{NkT}{V}\,\frac{dV}{T}$$
$$= Nk \ln \frac{V_2}{V_1}$$

就像我們在第 44 章中所得到的一樣。舉例來說，如果我們讓體積膨脹 2 倍，熵的改變就是 $Nk \ln 2$ 倍。

現在我們來看看另外一個有趣的例子。假設我們有一個盒子，中間有個隔板。一邊是氖（「黑」分子），另一邊是氬（「白」分子）。現在我們把隔板移除，讓它們互相混合。熵會改變多少？我

們也可以假想，不用柵門，而改用活塞，上面有幾個洞，能夠讓白分子通過，把黑分子阻擋住，另外還有一種活塞恰好執行相反的工作。如果我們把活塞移向兩端，我們發現，對每一個氣體來說，問題就類似我們上面剛剛解開的例子一樣。我們因此得到熵的改變是 $N k \ln 2$ 倍，這意思是說，每個分子的熵增加了 $k \ln 2$ 倍。這個 2 和分子所具有的額外空間有關，十分特別。它不是分子本身的性質，而是分子可以移動的**空間有多大**。這情況真不尋常，熵有增加，然而每樣東西仍有相同的溫度與同樣的能量！唯一改變的是，分子的分布情形不同。

我們知道，假如只把隔板移開，經過一段長時間，因為碰撞、跳動、撞擊等等，所有的東西都會混合在一起。偶爾，一個白分子移向一個黑分子，一個黑分子移向一個白分子，也許它們只是擦身而過。逐漸的，白分子在迂迴移動的途中，意外闖進黑分子的空間，而黑分子在迂迴移動的途中，意外進入白分子的空間。如果我們等得夠久，會得到兩者的混合。明顯的，在真實的情況中，這是不可逆的過程，必然牽涉到熵的增加。

這裡有個簡單例子，是完全由可逆活動組成的不可逆過程。每次任何兩個分子發生碰撞後，它們就各自往某個方向移動開。假如我們把碰撞情況拍成一部電影逆向播放，電影上看不出來有什麼不對勁。而事實上，一種碰撞和另外一種碰撞沒有什麼不同。所以混合時的碰撞是完全可逆的，但是，遲早它會變成是非可逆的。每個人都知道，假如開始時白分子和黑分子是分開的，幾分鐘之內，我們就會得到混合物。假使我們坐在那裡再多看幾分鐘，黑白分子也不會再分開來，而是停留在混合狀態。我們得到一個由可逆情況組成的不可逆的情況，但它是基於可逆的情況。只是現在我們知道了**理由**。我們從某種空間安排開始，在某種意義上，就是**有序的**，後

來因為碰撞而變混亂，使它變成了無序的。**這種從有序的安排變成無序的安排的變化，就是不可逆性的來源。**

　　沒錯，如果我們把這程序拍成電影，然後倒回來放映。我們就會看到它逐漸從無序變成有序。有人會說：「那違反物理定律！」我們就把電影再放映一次，檢視每一個碰撞。每一次碰撞都很完美，而且每一次都遵守物理定律。理由當然是，每一個分子的速度都剛剛好，並且如果所有的路徑都可以回頭，它們就統統可以回到原來的狀況。但那是非常不可能的。假如開始時氣體沒有特別的安排，只是白分子和黑分子的混合，它們就永遠不能回到原來所安排的狀況。

## 46-5　序與熵

　　現在我們需要來談論一下，我們所謂的無序是什麼意思，而有序的意義又是什麼。問題不在於有序令人感到舒服，或是無序令人不悅。在我們的混合與不混合的例子中，它們彼此的區別如下。假設我們把空間分隔成小小的體積元素（volume element）。如果我們有白分子和黑分子兩種分子，分配在所有的體積元素內，有多少種方法可以讓白的在一邊，黑的在另外一邊呢？另外，若完全不限制哪顆分子去哪個位置，有多少種方法，來分配分子？很清楚，後者各種可能分配法的數目會比前者多。我們測量「無序」是看有多少種方法可以安排內部分子使得從外面看來一樣。**這個「方法的數目」的對數就是熵。**黑白分明的情況，分配方法的數目比較少，所以熵比較小，也就是「無序」比較小。

　　因此根據上面對無序所下的技術定義，我們就可以理解這個見解。第一，熵是測量無序的尺標。第二，宇宙始終是從「有序」到

「無序」，所以熵永遠在增加。有序並非指我們喜歡分子排列井然有序，而是指從外面看起來是一樣時，裡面的排列方法的數目仍然相對有限。先前把氣體混合的影片逆向播放時，無序的情況並未如預期那麼嚴重。每一顆分子的速度和方向都恰恰好！熵到底不是很高，雖然表面上看起來是這樣。

其他物理定律的可逆性又如何？當初我們講到來自某個加速電荷的電場，我們學到必須選取推遲場（retarded field）。在某個時刻 $t$，且距離電荷的距離是 $r$，我們選取電荷在時間 $t - r/c$ 時（而不是在時間 $t + r/c$）的加速度所產生的電場。所以，乍看之下，電學定律似乎不可逆。然而說來奇怪，我們所用的定律是來自稱為馬克士威方程式的一組方程式，而它們實際上是可逆的。此外，我們也可以主張說，假如只用**超前場**（advanced field），也就是電荷於時間 $t + r/c$ 的加速度所產生的電場，而且在完全封閉的空間中從頭到尾完全使用此超前場，則我們所得到的結果都和我們使用推遲場的情況一樣。所以前面提到的電磁現象中明顯的不可逆性，終究不是真的不可逆性，至少在封閉環境中是如此。對此情況，我們其實早已經有了一些感覺，因為我們知道，一個振盪中的電荷會產生電場，而在一個封閉空間中，場被牆彈來彈去，最後會達到平衡，而在平衡時是沒有特別方向的。我們之所以應用延遲場，只是因為這是一個方便的方法而已。

就我們所知，所有物理的基本定律，都和牛頓方程式一樣，都是可逆的。那麼不可逆性是從那裡來的？它來自於由有序轉變成無序，但是除非我知道有序的來源，不然我們還是不瞭解不可逆性。為什麼我們每天所遇上的狀況都是非平衡狀況？一個可能的解釋是這樣子的。再回頭看一下我們的盒子，裡面的白分子和黑分子是在混合的狀態。現在，假若我們等待的時間足夠長，有非常非常小、

但不是不可能的機會，分子的分布會回到原來大部分的白分子在一邊，而大部分的黑分子在另外一邊的狀況。在那之後，當時間慢慢過去，各種情況不斷發生，它們又漸漸混合在一起。

　　因此，對於現今世界中的高度有序，一個可能解釋是，這只是運氣的問題。或許我們的宇宙剛好在過去有某種起伏，使得東西稍微分開來了，而現在它們又在逐漸恢復到一起。這類的理論不是不對稱，因為我們可以問：分開來的氣體，在不久的過去和不久的將來，是什麼模樣。在這兩種情況下，我們會在分界處看到模糊的灰色地帶，因為分子又正在混合中。不論我們是向著哪個時間方向走，氣體都在混合。所以這個理論會說，不可逆性只是生命中的一種意外。

　　我們現在想要論證，事情不是這樣子的。假設我們沒有立刻注視整個盒子，而只是注視盒子的一個小部分。那麼，在某一瞬間，假設我們發現某些秩序，即在這小區域中，白分子和黑分子是分開的。那麼那些我們沒有去注視的部分，我們應該如何推論它們會處於什麼狀況呢？如果我們真的相信，有序完全是由於無序的起伏漲落所造成的，我們當然定會選取最可能導致有序的起伏，而有可能的起伏並**不是**其他部分也是黑白分離的！所以，根據世界是來自於某個起伏的假設，所有的預測是，假設去看以前從未看過的世界的某個角落，我們會發現它是亂七八糟的，並不像我們剛才看到的有序的那一部分。如果我們的秩序是由於起伏漲落所造成的，除了我們剛才注視的部分，我們不應該期望其他地方也都有秩序。

　　現在我們假設，「分開」是由於宇宙在過去是真的有序，秩序並不是起伏造成的，而是所有的東西在過去是黑白分明。那麼這個理論會預測，其他的地方也將會存在著秩序 —— 秩序不是由於起伏，而是宇宙一開始就有很高的秩序，那麼我們應該預期，在我們

尚未注視到的地方也能夠找到秩序。

舉例來說,天文學家,在過去只是觀察了某些星球。但是每一天,當他們把望遠鏡轉向另外的星球,卻發現新觀察到的星球就像其他星球同樣的運作。因此,我們就結論說,宇宙並**非**來自起伏,而現今的秩序只是宇宙開始時的情況所遺留下來的。這不是說,我們懂得了它的邏輯。因為某種原因,宇宙就其具有的能量而言,曾經擁有非常低的熵,但是從那時起,熵就不斷增加。所以那也是未來的**趨勢**。這就是所有不可逆性的根源,它引發生長和衰落的過程,它使我們只記得過去而不是未來,記得比較接近宇宙在過去、秩序比現在更高的時刻,以及為什麼我們不能夠記住比現在更無序的事情,這些比較無序的事情也就是所謂的未來。所以,就像我們前面一章所說的,假如我們非常仔細的觀察,整個宇宙如同一杯酒。在這個例子,這杯酒很複雜,因為它包括了水、杯子和光,以及所有其他的東西。

我們這個物理主題所帶來的另外一項樂事是,即使是簡單又理想的東西,例如棘輪和卡爪,它們之所以運作,只是因為它們是宇宙的一部分。棘輪和卡爪只朝一個方向運行,因為它們和宇宙其他部分具有某種終極的關聯。如果棘輪和卡爪是孤立在一個盒子中,且待了足夠長的時間,輪子就可能不再選擇只朝一個方向轉。但是因為我們拉起簾子、讓光線出去,因為我們在地球上變冷、並從太陽得到熱,我們所製造的棘輪和卡爪就只能夠朝一個方向轉。這種只朝一個方向的單向性,與棘輪是宇宙的一部分這件事有關聯。棘輪和卡爪是宇宙的一部分,不只是因為它們遵守宇宙的物理定律,而且它們的單向行為和整個宇宙的單向行為連接在一起。只有在神祕的宇宙的起源被進一步理解、從臆測變成科學上的理解之後,我們才能完全瞭解棘輪和卡爪。

*The Feynman* 閱讀筆記

閱 讀 筆 記

*The Feynman* 閱讀筆記

國家圖書館出版品預行編目資料

費曼物理學講義 . I, 力學、輻射與熱 . 5：熱與統計力學 / 費曼
(Richard P. Feynman), 雷頓 (Robert B. Leighton), 山德士
(Matthew Sands) 著；田靜如 , 高涌泉譯 . -- 第二版 . -- 臺北市
：遠見天下文化 , 2018.04
　　面；　公分 . -- （知識的世界；1220）
譯自：The Feynman lectures on physics, new millennium ed.,
volume I
ISBN 978-986-479-428-7（平裝）

1. 物理學

330　　　　　　　　　　　　　　　　　　　　107005790

知識的世界 1220

# 費曼物理學講義 I──力學、輻射與熱
## (5) 熱與統計力學

原　　著／費曼、雷頓、山德士
譯　者／田靜如、高涌泉
審 訂 者／高涌泉
顧 問 群／林和、牟中原、李國偉、周成功

總編輯／吳佩穎
編輯顧問／林榮崧
責任編輯／徐仕美　特約校對／楊樹基
美術編輯暨　面設計／江儀玲
插圖繪製／邱意惠（圖 40-3、圖 45-3、圖 45-4）

出 版 者／遠見天下文化出版股份有限公司
創 辦 人／高希均、王力行
遠見・天下文化 事業群榮譽董事長／高希均
遠見・天下文化 事業群董事長／王力行
天下文化社長／林天來
國際事務開發部兼版權中心總監／潘欣
法律顧問／理律法律事務所陳長文律師　著作權顧問／魏啟翔律師
社　　址／台北市 104 松江路 93 巷 1 號 2 樓
讀者服務專線／（02）2662-0012　　傳真／（02）2662-0007；2662-0009
電子信箱／cwpc@cwgv.com.tw
直接郵撥帳號／1326703-6 號 遠見天下文化出版股份有限公司

電腦排版／極翔企業有限公司
製 版 廠／東豪印刷事業有限公司
印 刷 廠／中康彩色印刷事業股份有限公司
裝 訂 廠／中原造像股份有限公司
登 記 證／局版台業字第 2517 號
總 經 銷／大和書報圖書股份有限公司　電話／（02）8990-2588
出版日期／2011 年 08 月 31 日第一版第 1 次印行
　　　　　2023 年 11 月 10 日第二版第 6 次印行

定　　價／400 元
原著書名／THE FEYNMAN LECTURES ON PHYSICS : The New Millennium Edition, Volume I
by Richard P. Feynman, Robert B. Leighton and Matthew Sands
Copyright © 1963, 2006, 2010 by California Institute of Technology,
Michael A. Gottlieb, and Rudolf Pfeiffer
Complex Chinese translation copyright © 2011, 2013, 2016, 2017, 2018 by Commonwealth
Publishing Co., Ltd., a member of Commonwealth Publishing Group
Published by arrangement with Basic Books, a member of Perseus Books Group
through Bardon-Chinese Media Agency
博達著作權代理有限公司
ALL RIGHTS RESERVED

ISBN: 978-986-479-428-7（英文版 ISBN: 978-0-465-02493-3）

書號：BBW1220

天下文化官網　bookzone.cwgv.com.tw

※ 本書如有缺頁、破損、裝訂錯誤，請寄回本公司調換。